大数据与人工智能技术丛书

Python自然语言处理

算法、技术及项目案例实战 微课视频版

［日］中本一郎

马冀 张积林 郭彦 庄伟卿 冯丽娟 江明 黄益　编著

清华大学出版社

北京

内 容 简 介

在大数据和智能社会不断发展的大背景下，如何培养人工智能应用型技术人才，日益成为社会各界关注的焦点。本书应此需求而作，系统分析了基于 Python 语言的自然语言处理相关基础理论、常用算法、基础技术以及实战实例应用。

本书内容紧密围绕自然语言处理，共可分为 3 篇（共 12 章）：基础篇（第 1～5 章），重点介绍自然语言处理的基本概念、基本理论、常用算法以及基本技术，包括词处理、句法分析、文本向量化以及舆情分析和预测分析等；过渡篇（第 6 章），重点分析深度学习的基本知识与基本理论，以及与自然语言处理的关系，同时通过实战实例介绍深度学习在自然语言处理领域的实际应用；综合应用篇（第 7～12 章），基于各种智能应用开发技术和开发平台，介绍其在自然语言处理方面的实例，并具体讨论智能应用的部署方法和部署后的验证方法。全书各章提供了与本章主要内容配套的应用实例，每章后均附有复习习题。读者可以结合思维导图掌握教材的整体知识体系结构，参考附录的上机操作手册获得运行实例代码所需要的环境准备和环境设置相关知识。

本书可作为高等学校计算机类、人工智能类、商务类以及管理类专业的学生教材，也可供从事相关领域的专业技术开发人员和软件技术人员参考。

图书在版编目（CIP）数据

Python 自然语言处理：算法、技术及项目案例实战：微课视频版/（日）中本一郎等编著. —北京：清华大学出版社，2022.6

　　（大数据与人工智能技术丛书）

　　ISBN 978-7-302-60662-8

　　Ⅰ．①P…　Ⅱ．①中…　Ⅲ．①软件工具－程序设计 ②自然语言处理　Ⅳ．①TP311.561 ②TP391

中国版本图书馆 CIP 数据核字（2022）第 089777 号

策划编辑：魏江江
责任编辑：王冰飞　薛　阳
封面设计：刘　键
责任校对：焦丽丽
责任印制：宋　林

出版发行：清华大学出版社
　　　　　　网　　　址：http://www.tup.com.cn，http://www.wqbook.com
　　　　　　地　　　址：北京清华大学学研大厦 A 座　　　邮　　编：100084
　　　　　　社 总 机：010-83470000　　　　　　邮　　购：010-62786544
　　　　　　投稿与读者服务：010-62776969，c-service@tup.tsinghua.edu.cn
　　　　　　质量反馈：010-62772015，zhiliang@tup.tsinghua.edu.cn
　　　　　　课件下载：http://www.tup.com.cn,010-83470236
印 装 者：大厂回族自治县彩虹印刷有限公司
经　　销：全国新华书店
开　　本：185mm×260mm　　**印　　张**：13.25　　　　**字　　数**：305 千字
版　　次：2022 年 8 月第 1 版　　　　　　　　　　　　**印　　次**：2022 年 8 月第 1 次印刷
印　　数：1～2000
定　　价：59.90 元

产品编号：096026-01

前　言

从 2004 年至今,出版教材的期望跨越了接近 20 年的时间。其间,经历了从工业界到教育界的转变,这样的双重经历与跨文化工作经验不断激励我积极反思与时俱进,如何撰写一部理论知识应用于实践的教材。

2017 年中国国务院印发《新一代人工智能发展规划》,提出了面向 2030 年新一代人工智能发展的指导思想、战略目标、重点任务和保障措施,部署构筑国家人工智能发展的优势,加快建设创新型国家和世界科技强国。人才是强国的关键,大学高校专业分类众多,对于相关专业的学生,如何学好人工智能系列课程,成为当下教育改革关注的焦点之一。

本书以 Python 语言为对象,紧扣人工智能主题,选取的实战实例涵盖医学、商务等多个领域,通过基础知识讲解,逐步过渡到综合实例的应用。

建议本书的安排授课时间不少于 48 学时,其中理论授课不低于 36 学时,上机操作不低于 12 学时,每章后面提供的习题供学生总结章节主要内容和复习所学的知识,巩固掌握的操作技能。

本书由福建工程学院互联网经贸学院教师中本一郎主持编写,其他作者参与编写。中本一郎主持教材所有章节,包括第 1～12 章、附录 A 以及附录 B 的编著工作,金陵科技学院马冀和中本一郎参与了第 1～12 章的内容规划和修改,福建工程学院教师张积林、庄伟卿、郭彦、冯丽娟、江明和黄益等参与了第 1～12 章节的修订工作,全书由中本一郎负责统稿定稿。由于作者学识水平有限,教材难免有疏漏之处,敬请各位同仁和广大读者批评指正,提出宝贵意见。

本书得以顺利出版,得到了互联网经贸学院庄伟卿院长、教务处张积林处长的殷切关怀与鼓励,特别鸣谢清华大学出版社各位编辑的倾力相助。

编　者
2021 年 12 月

目 录

随书资源

环境说明

基 础 篇

过 渡 篇

基 础 篇

第 1 章

自然语言处理概述

本章重点

- 自然语言处理主要研究对象
- 自然语言处理分类
- 自然语言理解
- 自然语言生成

本章难点

- 文本相似度
- 欧几里得距离

1.1 自然语言处理

1.1.1 自然语言处理主要研究对象

自然语言处理(Natural Language Processing,NLP)是以人类社会的语言信息(比如语音和文本)为主要研究对象,利用计算机技术来理解、分析和处理语言的一门新兴综合性学科,其最终目标是突破人类与计算机的交流瓶颈,提升人机沟通的速度和效率。自然语言处理旨在提供人类与计算机之间能相互理解、共同使用的信息表述方法,是计算机科学与人工智能(Artificial Intelligence,AI)交叉领域的一个不可或缺的重要发展方向,逐渐得到了世界各国的重视。自然语言处理技术研究的基本内容是自然语言,即不同国家、不同社会群体的人们在日常生活、工作和交流中使用的对话沟通语言,这些不同的语言在各个社会的历史演进过程中发展变化形成了各自的体系,其重点在于研究可以实现基于自然语言的高效计算机程序。目前聚焦点在于语言对象的语音、语形、语法以及语义等处理，并以此特征区别于其他信息处理技术。实现自然语言处理的计算机编程语言多种多样，包括 C、Java、R 和 Python 等，本课程以 Python 语言为基础，读者在继续阅读本书之前需要掌握 Python 相关语法基础知识。

1.1.2　自然语言处理分类

自然语言处理广义上可以分为自然语言理解（Natural Language Understanding，NLU）和自然语言生成（Natural Language Generation，NLG）两大部分。自然语言理解侧重于计算机程序可以准确无误地理解所提供的自然语言信息的内在含义，计算机可以通过解析的方式表达，并为进一步更加复杂的处理和其他分析提供基础；而自然语言生成与自然语言理解处理存在差异，其着重研究计算机从提供的已知信息中如何自动生成人类可以准确理解的信息，聚焦于计算机通过自然语言来准确表达或者体现人类的主观意图响应。如果按照更为狭义的方法进一步划分，自然语言处理的研究内容则更加多样化，包括分词（Tokenization）、词性标注（Part of Speech）、句法分析（Syntax Parsing）、词嵌入（Word Embedding）、文本分类（Text Categorization）、指代消解（Anaphora Resolution）、信息检索（Information Retrieval）、信息抽取（Information Extraction）、文本挖掘（Text Mining）、语音识别（Speech Recognition）、手写字体识别（Handwriting Text Recognition）、舆情分析（Public Opinion Analysis）、情感分析（Emotion Analysis）、机器翻译（Machine Translation）、光读字符识别（Optical Character Recognition，OCR），以及问答系统（Question-and-Answer System）等。

1.1.3　自然语言处理面临的挑战

自然语言处理涉及语言学、信息学、统计学等多门学科，属于跨学科综合性的研究范畴，涉及面广泛，解决自然语言处理的关键性问题需要多学科共同取得突破，协同发展。在很多语言体系中，由于内容的前后关联性差异以及语言语境存在广泛意义上的歧义性和多义性，导致语义解析产生偏差和错误，因此目前自然语言处理技术仍然需要考虑如何面对这些困难和挑战，提高准确性。首先，迄今为止的自然语言研究多聚焦于分析孤立或者简单语境下的句子和短语，缺乏对复杂上下文和前后关联语境的系统性研究，对多义性、词语省略等问题，尚未形成规律性、普适性应用成果。其次，人们在使用语言时不受限于语法结构和词语的字面含义，可能还使用其他相关知识，而这些隐含知识因人而异，存在差异性，无法简单整合形成统一标准并直接统一应用于实际自然语言分析处理中。

1.1.4　自然语言处理重要术语

1. 词向量

词是自然语言处理的对象之一，也是语义表达的基本单位。词向量是将词语进行数值化或向量化表达的简称。目前词向量表达方式有离散式和分布式两种。离散式表达基于数学统计方法，把词语表示为数学数组向量，向量信息一般由数值组成，向量维度由词语总容量空间大小决定，向量中表明对象词语位置信息的维度值表述为非零值，其余与对象词语无关的维度值表述为零值。与之形成对比的是,分布式词向量表达主要根据上下文语境信息,通过算法程序自动学习构建前后文与目标词语之间的映射关系,智能程度比离散式表达方式高,但是对算法的自动学习能力也提出了更高的要求。

2. 相关度

相关度计算或相似度计算,即计算文本信息与文本信息(或者词语与词语)间的距离,距离通过数值体现,主要用于反映语义之间的相关度。语言文本信息经过向量化处理后可以构建形成多维向量空间,每个词语在空间内都可以表示为多维度的向量。通过计算向量之间的相关度,能够实现从无关信息中快速计算目标词语语义之间相对位置的目的,通过距离的相对大小查找出与之相似的词语。为了降低处理的复杂性,可以对多维度词向量进行降维处理,降维处理后可以在二维平面上体现语义关系。常用的相似度算法如余弦相似度算法,其基本思想是假定两组文本转换成几何空间 $\boldsymbol{R}$ 上的向量表达为 $\boldsymbol{A}_i$ 和 $\boldsymbol{B}_i(i=1,2,\cdots,n)$,则二者之间的相似度可以通过式(1-1)表示:

$$\cos(\theta) = \frac{\boldsymbol{A} \cdot \boldsymbol{B}}{\parallel \boldsymbol{A} \parallel \cdot \parallel \boldsymbol{B} \parallel} = \frac{\sum_{i=1}^{n}(\boldsymbol{A}_i \cdot \boldsymbol{B}_i)}{\sqrt{\sum_{i=1}^{n}\boldsymbol{A}_i^2}\sqrt{\sum_{i=1}^{n}\boldsymbol{B}_i^2}} \tag{1-1}$$

其中,$\parallel \cdot \parallel$ 表示向量的欧氏范数(Norm),其值通过向量各维度值的平方和开方后求得。余弦相似度计算公式中,两个向量指向越趋近相同方向,其夹角 θ 越小,因此夹角余弦值则越接近1;相反,两向量指向方向偏离越大则夹角越大,当指向恰好相反时,其夹角余弦值为 -1。

另外一个重要的概念是向量之间的欧几里得距离(Euclidean Distance),在二维空间,其数学表达如式(1-2)所示:

$$D(\boldsymbol{A},\boldsymbol{B}) = \sqrt{\sum_{i=1}^{n}(\boldsymbol{A}_i - \boldsymbol{B}_i)^2} \tag{1-2}$$

通常情况下,高维度计算的复杂度要高于低维度计算的复杂度,二维或者三维空间可以直观体现向量之间的关系。欧几里得距离越小,则两个向量之间的指向也越趋近于相同方向,向量之间的夹角和欧几里得距离之间的几何关系如图1-1所示。

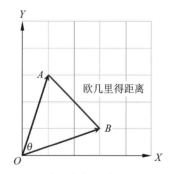

图1-1　向量夹角和欧几里得距离

3. 语义消歧

处理歧义词面临的常见难题是单个向量很难表达词语的多个含义,因此,在使用词向量时,需要考虑多歧义问题对处理结果准确性的影响。传统的语义消歧主要通过语法结构,建立特定语义库,借助人工标注的语料学习建立消歧规则,这种方式一般需要依赖大量人工操作创建语义网络与语义角色进行处理。而通过深度学习,语义消歧根据目标词语的上下文语境信息来进行自动分析,可以大大提升处理效率,因此,近几年来基于深度学习的相关研究日益受到关注,这也是未来自然语言处理发展的方向和需要突破的关键技术之一。

4. 信息抽取

信息抽取是提取文本信息中的非结构化内容,并转换为结构化信息的处理过程。抽取操作的关键在于从对象语料中提取、识别命名实体(Named Entity)以及命名实体之间的内在联系。命名实体是各种语言中具有特殊意义的实体,主要包括人名、地名、机构名、专有名词等。信息抽取过程涉及三个主要步骤:首先需要对非结构化信息文本进行预处理;其次针对预处理文本内容提取关键信息;最后对提取后的数据进行结构化表述。信息抽取可以利用有监督学习(Supervised Learning)或者无监督学习(Unsupervised Learning)。常见的有监督学习算法包括马尔可夫模型、贝叶斯网络以及条件随机场等;而非监督学习算法则包括基于语法归纳、词频统计和树形结构比较等数据挖掘算法。

5. 无监督学习

无监督学习根据类别未知样本或未被标记的训练样本而达到解决模式识别问题的目的。常见于缺乏经验知识而难以实施人工标注、标注成本超出预期的场景,以及无监督学习处理效益优于其他方法处理效益的情况。无监督学习的典型例子如聚类分析,通过聚类处理将相似事物划归为相同类别,因此,聚类算法通常需要计算相似度。典型的聚类算法包括 K-means 算法、K-medoids 算法以及 Clarans 算法。此外,基于深度学习的自编码算法和受限玻耳兹曼机在无监督学习领域也得到了比较成功的应用。

6. 有监督学习

有监督学习是从标签化训练数据集中推断出内在关系的机器学习方法。一般由输入对象和期望输出结果组成,期望输出起到监督学习效果的作用。常用的有监督学习算法包括支持向量机(Support Vector Machines,SVM)、逻辑回归(Logistic Regression)、决策树(Decision Trees)、朴素贝叶斯(Naive Bayes)以及多层感知机(Multilayer Perceptron)等。

7. 人工智能

人工智能是研究、开发用于模拟和扩展人类智能的理论、方法、技术及应用系统的一门新兴综合性学科,目标是创造具备人类相似智能的智能应用。人工智能研究的对象比较宽泛,目前在各个行业中都能看到不同类型人工智能技术的实际应用。

8. 机器学习

机器学习(Machine Learning,ML)重点研究实现人类的学习活动,通过数据或经验优化算法。因此,机器学习是利用数据和算法,训练模型,然后基于模型预测的一种技术方法,属于人工智能研究的重要分支之一。机器学习主要分为两大研究方向:首先是传统机器学习的研究,主要是研究学习机制,注重研究如何模拟人类的学习机制;其次是大数据环境下的机器学习,主要是研究如何进行数据挖掘,从海量数据中获取隐藏但有效的信息。

机器学习的经典算法包括回归算法、神经网络、支持向量机、聚类算法、降维算法以及马尔可夫模型等。从实际应用效果上来看,传统机器学习算法在自然语言处理方面,在处理抽象信息时只能学习预先确立的规则,而不能学习规则之外的复杂特征或者不确定性场景。随着大数据时代各行各业对数据分析容量增长的需求越来越迫切,通过机器学习高效获取信息已逐渐成为当今机器学习技术发展的必然趋势。如何基于机器学习对复杂多样的数据进行深层次的分析挖掘以及更有效地利用信息,已经成为当前大数据时代背景下机器学习研究的重要分支。因此,机器学习日益朝着智能大数据的方向发展。另外,随着数据生成速度日益加快,数据体量正在以前所未有的速度递增,新的数据种类也在不断创新涌现,这使得大数据机器学习和数据挖掘等人工智能技术在应用中也将发挥越来越重要的作用。

9. 深度学习

深度学习(Deep Learning,DL)是机器学习领域新的研究方向,通过学习样本数据的内在规律和表述层次获得信息,应用于诸如文字、图像和声音等数据的分析方面,让计算机可以像人类一样具有分析学习能力,能够识别文字、图像和声音等数据。在自然语言处理领域,深度学习技术在机器翻译和人机对话等方面取得了重大突破。深度学习属于复杂机器学习算法,经典的深度学习模型包括卷积神经网络、循环神经网络、深度信任网络模型以及自编码网络模型等。与传统的机器学习相比,基于深度学习的自然语言处理技术的优势包括:第一,能够以词语或句子的向量化为前提学习语言特征,掌握高度抽象的语言特征,满足大量特征工程的自然语言处理要求;第二,省略人工预定义训练集,可通过神经网络自动学习高层次复杂特征,具备显著提升处理的自动化能力和效率的潜力。

人工智能、机器学习与深度学习相互之间的内在联系,可以用图 1-2 表示。

图 1-2 人工智能、机器学习与
深度学习的关系

1.2 自然语言处理发展历程

自然语言处理的发展历程起始于 20 世纪 30 年代,不同的研究学者对其有不同的分类方法,大体上主要经历了三个大阶段:概念形成期、算法发展期和规模创新期。

1.2.1 概念形成阶段

20 世纪 60 年代以前是自然语言处理的基础研究和概念形成时期。阿兰•图灵在1936 年首次提出了"图灵机"的概念,促进了电子计算机的诞生,这为机器翻译和随后的自然语言处理奠定了技术基础。20 世纪 40 年代末,Shannon 把离散马尔可夫过程的概率模型应用于语言自动机。20 世纪 50 年代初,Kleene 研究了有限自动机和正则表达式。

1956 年，Chomsky 进一步提出了上下文无关语法，并把它运用到自然语言处理中。这些研究基础直接促进了基于规则和基于概率两种不同自然语言处理技术的产生。1952 年，Bell 实验室开始了对语音识别系统的探索，为自然语言处理开辟了新的里程碑。

1.2.2　算法发展阶段

概念形成阶段之后的几十年，自然语言处理融入了人工智能的研究领域中，形成了基于规则方法和基于概率方法两大研究类型。前者支持对自然语言处理进行完整且全面的剖析，其过程具有较高的准确性和完整性。从 20 世纪 50 年代中期开始，以 Chomsky 为代表的学者们开始了形式语言理论和生成句法的研究，20 世纪 60 年代末又拓展到形式逻辑系统领域。而后者以统计学为基础，通过搜索和分析计算机语言翻译的相关数据，从概率统计视角对自然语言处理的结果进行推测，并广泛应用于计算假设概率的经典方法方面（如贝叶斯方法）。1959 年，布劳宁等建立了文本识别的贝叶斯系统，优化了自然语言字符的识别问题。这一时期多数学者注重研究推理和逻辑问题，基于概率的统计方法和神经网络没有得到充分发展。这一时期其他重要研究成果包括：1959 年，宾夕法尼亚大学的 TDAP 系统、布朗美国英语语料库的建立；1972 年，维诺格拉德于美国麻省理工学院建成的 SHRDLU 系统，美国 BBN 公司建成的 LUNAR 系统等。

20 世纪 60 年代，法国数学家沃古瓦将计算机语言翻译分成句法分析和词法生成等部分，形成了相对完整的计算机翻译流程，并将其应用到俄语等翻译中，取得了良好的实际效果。1967 年，美国心理学家 Neisser 提出认知心理学的概念，直接把自然语言处理与人类认知联系起来。从 20 世纪 70 年代开始，自然语言处理的研究进入了低谷时期。之后，基于隐马尔可夫模型（Hidden Markov Model，HMM）的统计方法在语音识别领域获得成功。1974 年，威尔克斯提出优选语义学，强调自然语言翻译的语义重视问题。20 世纪 80 年代初，受限于计算机语料库问题，美国等先后投入大量资源研究，但因为自然语言处理的理论和技术均未规模化成熟，实质性的创新与突破并没有达成。

1.2.3　规模创新阶段

进入 21 世纪以后，得益于计算机软硬件技术的提升，自然语言处理进入了规模化创新阶段，经历了几个重要里程碑。首先，基于固定长度序列的标记模型（N-gram）获得了成功，其基本思想是包含 N 个标记的序列，算法利用前面 N 个词语预测下一个单词。Bengio 等在 21 世纪初提出神经语言模型，其核心逻辑是共享词语和其他类似词和上下文之间的统计强度。多任务学习是在多个任务下训练的模型之间共享参数的一种方法，概念由 Rich Caruana 于 1993 年发明。作为这个概念的应用性成果，Collobert 在 2008 年首次将多任务学习应用于自然语言处理神经网络。2001 年诞生了词嵌入（Words Embedding）技术，Mikolov 等人在 12 年后通过删除隐藏层使词嵌入的训练效率得到改善。2013 年，神经网络模型开始在自然语言处理中被采用，经典代表性神经网络包括循环神经网络（Recurrent Neural Networks，RNN）、卷积神经网络（Convolutional Neural Networks，CNN）和递归神经网络（Recursive Neural Networks）。次年，Sutskever 等人提出了序列到序列（Sequence-to-Sequence，Seq2Seq）学习的概念，在该框架中，编码器神经网络逐符号处理句子并将其压缩成向量表示,然后,解码器神经网络基于编码器状态逐个预测输出符号,在每步将先前预测的符号作为预测下一个输入的参考信息。注意力机制(Attention Mechanism)是神经网络机器翻译的重要创新之一,它已被应用于阅读理解等场景。2015 年,基于记忆的神经网络和预训练语言模型开始得到应用。

随着算法的不断进步和计算机硬件的更新升级,深度学习在自然语言处理领域将会获得更深更广层面的发展。

1.3 自然语言理解

自然语言是人类进行信息交流的重要工具,同时也是人机交互过程中最主要的形式。因此,让计算机实现对自然语言的理解,是人工智能的重要发展方向,也是近年研究的热门主题。随着社会的发展,世界上不同事物之间的联系越来越密切,各种信息包括结构化和非结构化信息逐渐积累,这也成为新一轮自然语言理解研究的热点。

自然语言理解的定义根据层次不同而有所不同,一般而言,需要符合正确:①回答问题;②复述内容;③翻译;④计算得出结果;⑤生成间接输出等诸条件中的至少一个目标。歧义处理能力和推理能力是自然语言突破瓶颈的关键技术问题。

自然语言理解的研究对象包括单词、短语、句子、实体以及它们之间的相互关系。为了使计算机可以像人类一样理解文本的含义,计算机需要准确挖掘句子内的实体以及实体之间(或者短语之间)的相互联系。而理解处理的瓶颈在于关系的准确识别。实体是语义中无法再行细分的元素,多实体通过一定联系相互连接形成语义。由于自然语言之间的关系可能存在歧义性,同时因为语义间隔问题,因此有时难以实现简单匹配,特别是复杂的语义场景给准确的自然语言理解带来了巨大挑战。

英国科学家图灵于20世纪50年代提出了"图灵"测试,让计算机说服参与者自己是人类而非机器。严格意义上,图灵测试对人工智能的技术水平提出了比较高的要求。自然语言高度复杂,许多词汇存在语义歧义性,相同词语转换到不同对话场景语义也可能发生变化,这些都给自然语言的准确理解造成了困难。人类语言随着时代进步也在不停演化,新词不断创新,部分旧词汇也被赋予了新时代内涵。因此,自然语言理解技术在不断取得进步的同时,也需要不断解决新问题新挑战,使其应对未知场景,现阶段很多语言理解系统受应用条件限制,也跟上述诸因素分不开。随着人类社会的进步和技术瓶颈的突破,自然语言处理既要能够处理结构化信息,也要具备识别非结构化信息的能力,实现一定的自主科学逻辑推理能力,从而更好地服务于人类社会的发展需求。

1.4 自然语言生成

自然语言生成结合人工智能技术和其他相关学科,自动处理生成人类以及计算机可理解的自然语言文本。它提升了人类和计算机之间沟通的速度和效率,已经成为人工智能的热门研究方向。自然语言生成是自然语言处理领域重要的组成部分,实现高准确率、高效率的自然语言生成也是人工智能技术实现高度认知智能的重要标志,近年基于神经网络的自然语言生成得到了越来越广泛的关注。

自然语言生成的信息来源可以是文本、数据或者声音、图像。文本到文本生成以文本作为输入信息,进行变换处理后,生成新的文本输出,常用应用如机器翻译以及文本摘要等;数据到文本生成是以数据输入为基础,数据源可以通过人工操作指定,常见应用如医疗诊断报告等;音像到文本生成是根据输入的声音或图像信息生成描述声音和图像内容的自然语言文本,如基于医学影像生成病理报告等。

自然语言生成体系结构可分为传统模型和神经网络模型两种类型。传统模型由人工参与进行模块划分,其缺陷是模块之间的执行效果存在上下依存关系,而且需要耗费大量工数,执行效率低下。而神经网络不进行人工干预处理,因此问题解决的效率得到大幅度提升。神经网络模型的预测结果与真实值进行比较获得误差,该误差在神经网络模型各层可以进行反向传播校正直到收敛。

自然语言生成模型比较多样化,常见的模型包括马尔可夫链、循环神经网络、序列到序列模型、注意力机制模型等。马尔可夫链通过当前词预测下一单词,由于仅关注紧邻单词之间的依赖关系,因此对不相邻单词的推测效果有待进一步改善。循环神经网络利用前馈网络传递序列信息,各步骤处理的结果得以保存并用于下一步骤的输入。长短期记忆网络是循环神经网络的一种特殊形式。序列到序列模型利用编码器-解码器机制,适用于序列不等长的问题。注意力机制模型通过对不同区域适用不同权值的方法,提高了处理的效果。

自然语言生成经历了从简单到复杂的发展历程,技术也在不断成熟完善。按照狭义划分方法,自然语言生成评估方法主要包括 BLEU 评估、困惑度评估、描述评估以及标题评估等。BLEU 的核心是比较文本 N-gram 的重合程度。在 BLEU 基础上同时衍生出了一些改进模型。困惑度评估基于语句学习判断生成质量的好坏。描述评估计算余弦夹角,据此得到文本相似度。标题评估利用了概率上下文无关法解析方法。按照广义划分方法,自然语言生成评估主要包括人工评估和自动评估两大类。人工评估一定程度上受主观因素和主观标准影响,而自动评估对算法的准确性提出了严格的要求。自然语言生成评估标准中,目前尚缺乏一个业界公认的质量评估标准,多种评估技术结合使用成为一种趋势,此类研究将来会得到越来越多的关注,上面介绍的几种评估技术也会不断发展,自然语言评估技术水平与自然语言处理的瓶颈突破问题紧密相关。

1.5 自然语言处理、人工智能与数据挖掘

人工智能从本质上讲是一种计算机应用系统,根据数字计算机的处理来模仿和拓展人类思维。人工智能可以像人类一样学习知识和技能,并且基于过去经验信息来影响未来决策。当今世界科技更新迭代速度越来越快,随着计算机相关理论的发展和突破,人工智能理论和技术也在不断丰富和持续发展,近年已经成为热门研究方向之一,得到工业界和研究学界的广泛关注。中国也对新一代人工智能发展实施新的战略部署,通过科技引领、系统布局、市场主导、开源开放,目标是到 2025 年人工智能基础理论实现重大突破,部

分技术与应用达到世界领先水平,到 2030 年人工智能理论、技术与应用总体水平达到世界领先水平。工业界和各级教育部门也开始积极布局,投入相关资源,争取在新一轮科技变革中抓住新的发展机遇。

机器学习、自然语言处理、知识图谱、人机交互、计算机视觉、生物特征识别和虚拟现实等是人工智能研究的内容。机器学习是研究计算机如何模仿以及实现人类的行为,同时能够获得现实世界的知识以及重要技能,最终能够根据既存知识架构不断完善自身的功能。机器学习一般分为监督学习、无监督学习、传统机器学习、深度学习四个方面。自然语言处理让计算机能够像人类一样具有理解、识别、处理和产生语言的能力。自然语言处理在人工智能技术中所获得的关注度越来越高,在人工智能不断发展的推动下,计算机需要处理更多更复杂的问题,而一般的人工编程语言已经不能满足社会发展的需求,因此自然语言的发展可以对解决这种困境产生积极的意义。但在快速发展的社会环境下自然语言处理也面临着风险和挑战。首先是理解失当问题,其次是述不达意问题,前者是自然语言理解需要克服的瓶颈,而后者是自然语言生成需要重点突破的难题,二者之间存在一定的内在联系。人们已经日益关注人工智能在“互联网＋”“大数据＋”背景下的发展前景,人工智能技术已经在多个领域获得应用,在目前的日常生活中如人脸识别、指纹识别、客服机器人、语音搜索、智能翻译等,这些技术都为社会带来了极大的便利,提高了处理效率。未来,人工智能在人们生活中承担的工作会更加广泛,其重要作用会日益显现。

从人工智能当前的发展形势来看,研究重点仍然在于技术瓶颈的突破。人工智能正在由感知智能逐步向认知智能升级转变。人工智能技术的发展任重道远,主要体现为如下几个方面。第一,新型智能模式的突破。随着社会的不断发展,新的问题和新的需求会不断产生,因此新的智能模式也会相伴而生。第二,数据挖掘技术的完善。人工智能技术以数据分析为基础,数据的规模和类型都在持续演变中,人类的语言自身也在不断发展变化中,因此算法的更新迭代势在必行。第三,瓶颈突破问题。人工智能的全面升级需要依靠关联关键技术的瓶颈突破,而不仅依靠部分技术的零星进步。第四,人工智能技术伦理道德和法律机制建设问题。随着人工智能技术的日趋进步和多样化,与社会生活的深度融合也会越来越广泛,如何避免人工智能技术被误用滥用或者给人类造成有害负面影响,及时监控过程状态并且适时预警风险,需要多部门联合协同提前运筹帷幄,既需要宏观视角的综合考量,更需要微观细节的局部考察,加强人工智能技术的伦理道德和法律法规制度建设,将人工智能的负面影响和危害风险最小化,让其更积极正面地造福于人类社会福祉。

1.6　文本相似度实例

下面列举通过余弦相似度公式和标准库分别计算不同文本信息相似度的实例。

首先需要对中文进行分词,通过 import jieba 导入 jieba 分词库文件。使用 Python 标准库计算相似度,导入两种不同的相似度计算库 difflib 和 fuzz,除此之外,还自定义了基于余弦相似度公式的相似度计算方法。需要进行文本信息统计,因此需要从

collections 库导入 Counter 模块。

```
import difflib
from fuzzywuzzy import fuzz
import numpy as np
from collections import Counter
import jieba
```

接着定义余弦相似度函数，函数参数部分传入需要比较的两个文本信息，先对文本进行向量化处理，$A.\mathrm{dot}(B)$ 计算出向量 A 和 B 之间的点积，即相同维度上的值的乘积和，如果 A 和 B 是同一个向量，则求出的是欧几里得距离平方，余弦相似度函数返回的是根据余弦相似度公式计算得出的结果。下面的函数代码定义了余弦相似度的计算方法。

```
def similarity(text1, text2):
    cos_text1 = (Counter(text1))
    cos_text2 = (Counter(text2))
    similarity_text1 = []
    similarity_text2 = []
    for i in set(text1 + text2):
        similarity_text1.append(cos_text1[i])
        similarity_text2.append(cos_text2[i])

    similarity_text1 = np.array(similarity_text1)
    similarity_text2 = np.array(similarity_text2)

    return similarity_text1.dot(similarity_text2) /
    (np.sqrt(similarity_text1.dot(similarity_text1)) *
    np.sqrt(similarity_text2.dot(similarity_text2)))
```

接下来定义停用词信息，停用词信息可以根据实际需要灵活调整，并定义需要比较的文本信息。

```
stopwords = {}.fromkeys([',', '。', '; ',':'])
infoA = "新冠肺炎疫情对世界产生了深刻影响,人们更注重保持社交距离."
infoB = "新冠肺炎疫情对世界影响很大,但很多人仍然不注意保持社交距离。"
```

然后根据事先定义的比较文本，剔除停用词后进行分词，输出分词结果，在 jieba 分词中，参数 cut_all 是 bool 类型，默认为 False，即精确模式，当设置为 True 时，则代表全模式。

```
A_token = [i for i in jieba.cut(info1, cut_all = False) if i != '' and i not in stopwords]
B_token = [j for j in jieba.cut(info2, cut_all = False) if j != '' and j not in stopwords]
```

最后根据不同标准库以及余弦相似度计算得出结果，结果近似到小数点后面三位，并计算转换成百分数表达的余弦相似度值。

```
sim_diff = str(round(difflib.SequenceMatcher(None, text1, text2).ratio(),3) * 100) + "%"
sim_fuzz = str(round(fuzz.ratio(text1, text2)/100,3) * 100) + "%"
sim_cos = str(round(similarity(text1_cut, text2_cut),3) * 100) + "%"
```

最后输出计算结果,基于三种不同算法的结果比较参见图1-3。

```
print('(1): 基于 difflib 的相似度: ', sim_diff)
print('(2): 基于 fuzz 的相似度: ', sim_fuzz)
print('(3): 余弦相似度: ', sim_cos)
```

```
Building prefix dict from the default dictionary ...
Loading model from cache C:\Users\Public\Documents\Wondershare\CreatorTemp\jieba.cache
Loading model cost 1.843 seconds.
Prefix dict has been built successfully.
文本1分词后结果:['新冠','肺炎','疫情','对','世界','产生','了','深刻影响','人们','更','注重','保持','社交','距离']
文本2分词后结果:['新冠','肺炎','疫情','对','世界','影响','很大','但','很多','人','仍然','不','注意','保持','社交','距离']
(1): 基于difflib的相似度: 69.1%
(2): 基于fuzz的相似度: 69.0%
(3): 余弦相似度: 50.1%
```

图 1-3　不同相似度算法的运行结果

从结果可以得出,根据两种标准库计算得出的相似度结果大致相同,余弦相似度结果最小,与标准库的计算结果存在一定差异。如果文本信息发生变化,相似度计算结果也会相应变化。因此,基于相似度的算法对结果会产生一定影响。

小结

本章主要介绍了自然语言处理的概念、研究对象以及发展简史,自然语言理解和自然语言生成处理的差异性。通过实例说明如何将文本信息转换成向量化表示,并计算向量化文本之间的相似度值,从而判断不同文本之间的相似程度。

关键术语

自然语言处理、自然语言理解、自然语言生成、人工智能、深度学习、机器学习、余弦相似度、欧几里得距离

习题

1. 简述自然语言处理的主要研究对象。
2. 自然语言处理广义上可以分为哪几类?
3. 按照细化方法,列举五项自然语言处理的研究内容。
4. 自然语言处理技术面临的主要挑战包括哪两个方面?
5. 列举五项自然语言处理相关术语。
6. 自然语言处理发展主要经历了哪三个阶段?
7. 自然语言理解的定义一般需要满足哪些条件?

8. 自然语言理解的研究对象包括哪些？

9. 简述自然语言生成的定义。

10. 自然语言生成的信息源包括哪些？

11. 自然语言处理常用的生成模型包括哪些？

12. 自然语言生成评估主要方法包括哪些？

13. 人工智能的研究内容主要包括哪些？

14. 自然语言处理面临的风险和挑战主要包括哪两个方面？

15. 人工智能技术未来需要解决哪些问题？

16. 列举自然语言处理发展历程的概念形成期具有代表性的三个研究突破。

17. 列举自然语言处理发展历程的算法发展期具有代表性的三个研究突破。

18. 列举自然语言处理发展历程的规模创新期具有代表性的三个研究突破。

19. 简述自然语言处理的生成模型马尔可夫链的主要特征。

20. 简述自然语言处理的生成模型循环神经网络的主要特征。

21. 根据本书提供的相似度代码实例，使用新的语料信息计算新的相似度，比较结果的差异性。

第2章

词 处 理

本章重点

- 正逆向匹配算法
- 结巴分词
- 无监督分词
- 有监督分词

本章难点

- 隐马尔可夫模型
- 维特比算法
- 正则表达式

2.1 分词和停顿

2.1.1 分词

在自然语言处理中,分词是文本挖掘和文本分析的基础。分词是将给定语言的字符序列按照规则组合排序成词语序列的处理过程。根据语言不同,分词可以分为中文分词和外文分词,常见的外文分词包括英文分词等。在英语中,单词与单词之间直接以空格作为分隔符,因此空格可以作为分词的关键信息;与此形成对比,中文相对复杂,词语之间缺乏统一的既定分隔符,这决定了即使是相同的中文文本,根据语境不同或者算法不同可能存在多种分词方法,从而导致多义性问题,而歧义可以改变句子或者文本的整体含义,因此提高分词的准确性是影响语义分析的关键问题。

2.1.2 停顿

在语言学中，停顿与分词存在一定联系，一般应用在文本语义转换中。语言停顿有两种：其一是句间停顿，根据标点符号来确定句子与句子之间的停顿；其二是句中停顿，以词语或实体为单位，根据句子内各成分之间的内在关系来划分停顿。在汉语中，词语可以大致分为实词和虚词两大类。实词主要包括名词、动词、形容词等，能单独组成句子，而虚词没有单独意义，不能独立组成句子，主要包含副词、介词、助词以及叹词等。虚词对实词有协助作用，可以表达一定的意思，虚词位置一般固定。例如，副词大多放在动词、形容词的前面起修饰和限制作用，虚词是语义停顿的重要标志。主语和谓语之间，谓语和宾语、补语之间，一般需要进行停顿处理。正确掌握语句的停顿规律，明确切分标识信息，有助于提高分词处理的准确性和效率。

2.2 正则表达式

正则表达式（Regular Expression，RE）是利用事先定义的特定字符及其组合构造规则字符串，一般用来表达对字符串的匹配逻辑，常见的例子如特定字符串的检索操作。

在 Windows 操作系统下，现行 Python 3 版本可以使用 pip install regex 和 import regex 安装和导入正则表达式 Regex 库。正则表达式通常被用来查找、替换符合特定规则的文本。使用正则表达式首先需要使用正则符号表示特定规则；然后针对特定文本与符号规律进行匹配并检索，最终提取标的信息。表 2-1 列出了常用正则表达式的说明，表中列举了对应的实例应用。

表 2-1 正则表达式

序号	正则表达式	含 义	实 例
1	点号："."	代表任何一个字符，但不包括换行符（\n）。例如，英文大小写字母、汉语、数字、中英文标点符号	"D. Q"代表"DZQ"或者"D 华 Q"
2	星号："＊"	代表星号位置前面紧邻子表达式 0 次到无限次，表达式可以是普通字符、一个或多个正则表达式符号	"D＊Q"代表"DQ"或者"DDDQ"
3	问号："?"	代表英文问号前面紧邻子表达式 0 次或者 1 次	"D? Q"代表"DQ"或者"DDQ"
4	加号："+"	代表加号前面紧邻子表达式 1 次或者无数次	"D+Q"代表"DDQ"
5	反斜杠："\"	转义，常和其他字符结合把特殊符号转换成普通符号	"D\\Q"代表"D\Q"
6	数字："\d"	表示一位数字，范围为 0～9	"D\8Q"代表"D8Q"
7	非数字："\D"	表示非数字	"Q\D"代表"QQ"
8	小 s："\s"	表示空白字符	"Q\sD"代表"Q D"
9	大 S："\S"	表示非空白字符	"Q\SD"代表"QQD"

续表

序号	正则表达式	含　　义	实　　例
10	小 w："\w"	表示单词字符	"Q\wD"代表"QDD"
11	大 W："\W"	表示非单词字符	"Q\WD"代表"Q D"
12	小括弧："()"	表示提取括号里面的内容	"(DQ)"代表视"DQ"为一个整体
13	大括弧："{i}"	表示匹配前面紧邻一个字符 i 次	"D{3}Q"代表"DDDQ"
14	大括弧："{i,j}"	表示匹配前面紧邻一个字符 i~j 次。i 缺失时代表 0 次,j 缺失时代表无限次	"D{0,1}Q"代表"Q"或者"DQ"
15	"^"	代表字符串开头	"^DQ"代表以"DQ"开头的字符串
16	"$"	代表字符串末尾	"DQ$"代表以"DQ"结尾的字符串
17	"|"	代表两个表达式中的任意一个	"DQ|QD"代表"DQ"或者"QD"
18	中括弧："[…]"	代表中括弧内的任意字符	"D[a-z]Q"代表"DaQ"或者"DsQ"
19	(?P<name>)	引用别名为 name 的分组匹配的字符串	import re match = re. search('(?P<name>. *)(?P<number>. *)', 'Kate 000') match. group('name')代表"Kate", match. group('number')代表"000"

表 2-2 是常用正则表达函数的使用说明。

表 2-2　正则表达常用函数

序号	函数名称	参 数 格 式	备　　注
1	compile()	compile(expression)	编译正则表达式 expression,并返回正则表达式对象
2	match()	match(expression,char)	从字符串 char 的最开始与 expression 匹配,若成功返回匹配对象,否则返回 None
3	search()	search(expression,char)	从字符串 char 任意位置查找第一次匹配的内容。若都没有匹配成功,返回 None,否则返回匹配对象
4	findall()	findall(expression,char)	查找字符串中所有出现的正则表达式,并返回匹配列表
5	finditer()	finditer(expression,char)	以迭代器形式返回匹配结果
6	sub()	sub(expression,char)	使用指定内容 expression 替换字符串 char 中的匹配性内容
7	group()	group()	返回整个匹配对象
8	groups()	groups()	返回含有所有匹配子组的元组,若匹配失败返回空元组

下面列举基于 Python 语言的正则表达式实例应用,其中使用到的 Regex 可以使用前文提到的安装方法进行安装。

【**实例 2-1**】　在文本中查找目标电子邮箱地址

```
import regex
text = "school@gmail.com"
expression = regex.compile(r"\w + @ \w + \.com")
outcome = regex.findall(expression, text)
print(outcome)
```

输出结果：

```
['school@gmail.com']
```

【**实例 2-2**】　在文本中查找匹配字符串

```
import regex
text1 = "REGULARexpression"
text2 = "@REGULARexpression"
expression = regex.compile(r"\w + ")
outcome1 = regex.match(expression, text1)
outcome2 = regex.match(expression, text2)
print(outcome1)
print(outcome2)
```

输出结果：

```
< regex. Match object; span = (0, 17), match = 'REGULARexpression'> None
```

【**实例 2-3**】　在文本中查找匹配字符串

```
import regex
text1 = "REGULARexpression"
text2 = "!@REGULARexpression@ * "
expression = regex.compile(r"\w + ")
outcome1 = regex.search(expression, text1)
outcome2 = regex.search(expression, text2)
print(outcome1)
print(outcome2)
```

输出结果：

```
< regex. Match object; span = (0, 17), match = 'REGULARexpression'>
< regex. Match object; span = (2, 19), match = 'REGULARexpression'>
```

【**实例 2-4**】　在文本中查找匹配分组

```
import regex
text = "REGULARexpression - 0000"
expression = regex.compile("(\w + )\ - (\w + )")
```

```
outcome1 = regex.match(expression,text).group()
outcome2 = regex.match(expression,text).groups()
print(outcome1)
print(outcome2)
```

输出结果：

```
REGULARexpression - 0000
('REGULARexpression', '0000')
```

2.3 规则分词

规则分词的核心内容是建立人工专家词典库,将语句切分出的单词串与专家词典库中的所有词语进行逐一匹配,匹配成功则进行对象词语切分,否则通过增加或者减少一个字继续比较,直到剩下一个单字终止匹配操作。按照匹配算法和查找方向,可以分为正向最大匹配法、逆向最大匹配法与双向匹配法三种方法。

2.3.1 正向最大匹配法

正向最大匹配(Maximum Match Method,MMM)算法操作方向为从左至右,无法匹配时删除最右边字符,其主要步骤如下。

(1) 确定专家词典中所有词汇的最长词语的长度 N。

(2) 选取处理对象字符串从左至右的前 N 个字符,以此为匹配字段查找专家词典,如果刚好找到字符个数和字符内容都一致的词语,则匹配操作成功,按照该匹配字段对对象字符串进行切分。

(3) 若词典中无法找到完全一致的词,则匹配操作失败,此时将匹配字段中的最右边一个字符删除。

(4) 对剩下的字符串重新进行匹配处理,如此循环操作直到所有字符匹配成功或者剩余字符串的长度为 0 为止。若匹配字段长度为 1,表示该单字符无法再切分。

下面是基于正向最大匹配算法的实例。

(1) 匹配对象字符串：中国当代大学生的实践创新能力已经取得了巨大的进步。

(2) 专家字典库：{中国,当代,吗,大学生,创新,能力,进步,已经,取得,实践,发展,的,了,巨大,明显}。

(3) 匹配过程。

第一轮：中国当,中国(第一次匹配成功)。

第二轮：当代大,当代(第二次匹配成功)。

第三轮：大学生(第三次匹配成功);以此类推。

(4) 执行结果：['中国', '当代', '大学生', '的', '实践', '创新', '能力', '已经', '取得', '了', '巨大', '的', '进步']。

【**实例 2-5**】　正向最大匹配实例源代码

```python
#正向最大匹配算法
class Maximum_Match(object):
    #初始化操作,获取专家词典文件所在路径
    def __init__(self, directory):
        #初始化专家词典最长词语长度
        self.max_length = 0
        #创建一个空元素集,存放切分结果
        self.out = set()
        #打开包含专家词典内容的文件
        with open(directory, 'r', encoding = 'utf8') as c:
            #按行顺序读入专家词典内容
            for word in c:
                #移除字符串头尾空格
                word = word.strip()
                #保存去除两端空格符后的专家字典词语
                self.out.add(word)
                #根据切分结果更新专家词典最长词语长度
                if len(word) > self.max_length:
                    self.max_length = len(word)


    #切分匹配函数,传入需要切分的对象字符串
    def tokenization(self, content, result = []):
        #获得专家词典最长词语长度
        N = self.max_length
        #获得切分对象字符串总长度
        content_length = len(content)
        while content_length > 0:
            #从左至右切分对象字符串的前 N 个字符
            seg = content[0:N]
            #前 N 个字符与专家词典比较,匹配失败
            while seg not in self.out:
                #若匹配字段长度为 1,表示该单字符无法再切分
                if len(seg) == 1:
                    break
                #匹配失败时,删除匹配字段中的最右边一个字符
                seg = seg[0:len(seg) - 1]
            #新的匹配字符串存入结果集合
            result.append(seg)
            #去掉新匹配字符串后对剩余对象字符串进行重复匹配操作
            content = content[len(seg):]
            #获取新对象字符串的新长度
            content_length = len(content)
        return result
#主处理函数
if __name__ == '__main__':
    #设置对象字符串
```

```
content = "中国当代大学生的实践创新能力已经取得了巨大的进步"
# 获取专家字典内容和位置
t = Maximum_Match('./database.utf8')
# 调用切分函数输出结果
print(t.tokenization(content))
```

2.3.2 逆向最大匹配法

逆向最大匹配(Reverse Match Method,RMM)算法基本原理与正向最大匹配算法大致相同,但操作方向相反,主要步骤如下。

(1) 确定专家词典中所有词汇的最长词语的长度 N。

(2) 选取处理对象字符串从右至左的后 N 个字符,以此为匹配字段查找专家词典,如果刚好找到字符个数和字符内容都一致的词语,则匹配操作成功,按照该匹配字段对对象字符串进行切分。

(3) 若词典中无法找到完全一致的词,则匹配操作失败,此时将匹配字段中的最左边一个字符删除。

(4) 对剩下的字符串重新进行匹配处理,如此循环操作直到所有字符匹配成功或者剩余字符串的长度为 0 为止。若匹配字段长度为1,表示该单字符无法再切分。

基于逆向最大匹配算法主要步骤的实例如下。

(1) 匹配对象字符串:中国当代大学生的实践创新能力已经取得了巨大的进步。

(2) 专家字典库:{中国,当代,吗,大学生,创新,能力,进步,已经,取得,实践,发展,的,了,巨大,明显}。

(3) 匹配过程。

第一轮:的进步,进步(第一次匹配成功)。

第二轮:巨大的,大的,的(第二次匹配成功,单字符)。

第三轮:了巨大,巨大(第三次匹配成功);以此类推。

(4) 执行结果:['进步', '的', '巨大', '了', '取得', '已经', '能力', '创新', '实践','的', '大学生', '当代', '中国']。

【实例 2-6】 逆向最大匹配实例源代码

```
# 逆向最大匹配算法
class Reverse_Match(object):
    # 初始化操作,获取专家词典文件所在路径
    def __init__(self, directory):
        # 初始化专家词典最长词语长度
        self.max_length = 0
        # 创建一个空元素集,存放切分结果
        self.out = set()
        # 打开包含专家词典内容的文件
        with open(directory, 'r', encoding = 'utf8') as c:
            # 按行顺序读入专家词典内容
```

```python
    for word in c:
            # 移除字符串头尾空格
            word = word.strip()
            # 保存去除两端空格符后的专家字典词语
            self.out.add(word)
            # 根据切分结果更新专家词典最长词语长度
            if len(word) > self.max_length:
                self.max_length = len(word)
    # 切分函数,传入需要切分的对象字符串
    def tokenization(self, content, result = []):
        # 获得专家词典最长词语长度 N
        N = self.max_length
        # 获得切分对象字符串总长度
        content_length = len(content)
        while content_length > 0:
            # 从右至左切分对象字符串的最后 N 个字符
            seg = content[ - N: ]
            # 最后 N 个字符与专家词典比较,匹配失败
            while seg not in self.out:
                # 若匹配字段长度为 1,表示该单字符无法再切分
                if len(seg) == 1:
                    continue
                # 匹配失败时,删除匹配字段中的最左边一个字符
                seg = seg[1:len(seg)]
            # 新的匹配字符串存入结果集合
            result.append(seg)
            # 去掉新匹配字符串后对剩余对象字符串进行重复匹配操作
            content = content[ : - len(seg)]
            # 获取新对象字符串的新长度
            content_length = len(content)
        return result
# 主处理函数
if __name__ == '__main__':
    # 设置对象字符串
    content = "中国当代大学生的实践创新能力已经取得了巨大的进步"
    # 获取专家字典内容和位置
    t = Reverse_Match('./database.utf8')
    # 调用切分函数输出结果
    print(t.tokenization(content))
```

2.3.3　双向最大匹配法

双向最大匹配法（Bi-directction Match Method，BMM）将正向匹配法得到的分词结果和逆向匹配法得到的结果进行对比操作，根据最大匹配原则,选取切分后词数最少的匹配作为结果。

2.4　统计分词

统计分词基本逻辑是把每个词语看作由单字组成,利用统计学原理计算连接字在不同文本中出现的次数,以此判断相连字属于特定词语的概率。根据划分结果统计出现的概率,获得概率最大的分词方法。下面介绍两种常用的统计算法。

2.4.1　隐马尔可夫模型

当一个随机过程在给定现在状态及所有过去状态的情况下,其未来状态的条件概率分布仅依赖于当前状态,那么此随机过程通常称为马尔可夫过程。隐马尔可夫模型(Hidden Markov Model,HMM)是含有隐含且未知参数的马尔可夫过程。关键步骤是从已知参数中确定隐含参数,然后利用这些参数进行进一步分析。在通常的马尔可夫模型中,状态可观测,并且状态的转换概率是已知全部参数;而在隐马尔可夫模型中,状态并非全部直接可观测。适用隐马尔可夫模型的问题一般具有下述共性:基于序列(如时间序列或状态序列);问题中存在部分可观测,而其他部分不能观测的数据,可观测数据称为观测序列,而无法观测数据称为隐藏状态序列。

假定 $H=\{H_1,H_2,\dots,H_n\}$ 和 $O=\{O_1,O_2,\dots,O_m\}$ 分别是所有隐藏状态和观测状态的集合,隐马尔可夫假设:

(1) 任意时刻 $t+1$ 的隐藏状态只跟前一时刻 t 的隐藏状态相关,可表达为式(2-1):

$$p_{ji}=P\{h_{t+1}=H_j\mid h_t=H_i\} \tag{2-1}$$

p_{ji} 为状态迁移矩阵 $\boldsymbol{T}$ 的第 j 行第 i 列元素,即 $\boldsymbol{T}=\{p_{ji}\}$。

(2) 任意时刻 t 的观测状态只跟相同时刻隐藏状态相关,即如式(2-2)所示:

$$b_{ji}=P\{o_t=O_j\mid h_t=H_i\} \tag{2-2}$$

$\boldsymbol{B}=\{b_{ji}\}$ 为观测状态的生成概率矩阵。假定初始的状态概率分布为 I,则 $\sigma=\{\boldsymbol{I},\boldsymbol{B},\boldsymbol{T}\}$ 共同决定了隐马尔可夫模型。

图 2-1 表示了隐马尔可夫模型隐藏变量和观测变量相互之间的依赖关系。在任意时刻,观测变量仅依赖于隐藏变量,与其他隐藏状态变量和观测变量的取值没有直接关联。同时,特定时刻隐藏状态仅依赖于紧邻上一时刻隐藏状态,与其余状态无关,如图中箭头所示。

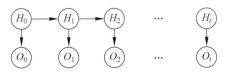

图 2-1　隐马尔可夫模型

【实例 2-7】　隐马尔可夫模型解决商务问题

假定某公司销售竞赛指导委员会从 n 个部门选取员工参加销售业务竞赛,每个部门由 m 类不同销售能力的员工组成,初始状态下随机选择一个部门后再随机挑选一名职工,职工的类型可观测,但职工所在的部门为未知信息。第一名员工选择完后,继续按照随机概率分布选择下一个部门和下一名员工，依次循环直到选择的员工数量满足竞赛人员挑选要求为止。

在这个实例中，隐马尔可夫模型可以表示为：

（1）部门状态信息（n）；

（2）员工的销售能力状态（m）；

（3）从一个部门迁移到另一个部门的转移概率（$\boldsymbol{T}=\{p_{ji}\}$）；

（4）从特定部门选择特定类型员工的概率（$\boldsymbol{B}=\{b_{ji}\}$）；

（5）初始概率分布（$\boldsymbol{I}$）。

在给定 σ 的前提条件下，观测序列 $O=\{O_1,O_2,\cdots,O_t\}$ 的生成概率由式（2-3）决定：

$$P\{O\mid\sigma\}=\sum_{H}P\{O,H\mid\sigma\}=\sum_{H}P\{O\mid H,\sigma\}\cdot P\{H\mid\sigma\} \qquad (2\text{-}3)$$

隐马尔可夫模型重点解决的问题包括：

（1）如何确定观测序列的生成概率 $P\{O\mid\sigma\}$；

（2）观测序列已知的前提下，如何优化参数并最大化观测序列的生成概率 $P\{O\mid\sigma\}$；

（3）如何优化隐藏状态序列，从而实现输出期望值观测序列。

通常，这些问题可以通过前向算法、后向算法和维特比算法解决。

2.4.2　维特比算法

在隐马尔可夫模型中，比较著名的算法是维特比算法（Viterbi Algorithm），该算法由美籍科学家 Andrea Viterbi 提出，主要用于解决优化隐藏状态序列从而实现输出期望值观测序列的问题。

在汉语文字输入过程中，假定用户输入的相同拼音序列对应多个汉字，那么问题就是给定拼音求解汉字的过程。一般而言，维特比算法是在给定模型和观测序列前提下，求解隐藏序列的最大概率输出时的参数值，参见式（2-4）：

$$\underset{H}{\arg\max}\, P\{H\mid O,\sigma\} \qquad (2\text{-}4)$$

维特比算法的基本逻辑可以概括为：

（1）如果最短路径 P 经过特定结点 F，那么从这条路径起点 S_0 到结点 F 的子路径 S，是起点 S_0 到结点 F 之间的最短路径。

（2）从起点 S_0 到终点 E 的路径必定经过 i 时刻的某个状态，如果记录起点 S_0 到该状态所有结点的最短路径集合，整体最短路径必经过其中一条。

（3）假定从状态 i 到状态 $i+1$，起点 S_0 到状态 i 各结点的最短路径已知，计算 S_0 到 $i+1$ 状态的结点的最短路径可以分解为从 S_0 到 i 状态的最短路径，以及从 i 状态结点到 $i+1$ 状态结点的最短路径。

【实例 2-8】　维特比算法代码实现

```
#导入库文件
import numpy as np
#定义维特比算法函数
def viterbi_algorithm(H, B, rho, O):
```

```python
    #隐马尔可夫模型隐藏状态数 = 3,假定公司总共有三个部门,分别用 0,1,2 表示
    N = np.shape(H)[0]
    #观测序列时间序列
    T = np.shape(O)[0]

    #特定时刻隐藏状态对应最优状态序列概率
    mu = np.zeros((T, N))
    #特定时刻隐藏状态对应最优状态前导序列概率
    index = np.zeros((T, N))

    for t in range(T):
        if 0 == t:
            mu[t] = np.multiply(rho.reshape((1, N)), np.array(B[:, O[t]]).reshape((1, N)))
            continue
        for i in range(N):
            temp = np.multiply(np.multiply(mu[t - 1], H[:, i]), B[i, O[t]])
            mu[t, i] = max(temp)
            index[t][i] = np.argmax(temp)
    hiddenstate = np.zeros((T,))
    t_range = -1 * np.array(sorted(-1 * np.arange(T)))
    for t in t_range:
        if T - 1 == t:
            hiddenstate[t] = np.argmax(mu[t])
        else:
            hiddenstate[t] = index[t + 1, int(hiddenstate[t + 1])]

    print('最优隐藏状态序列为:', hiddenstate)
    return hiddenstate


def Viterbi_init():
    #H 是隐藏状态转移概率分布
    H = np.array([[0.2, 0.4, 0.4],
                  [0.7, 0.2, 0.1],
                  [0.1, 0.2, 0.7]])
    #观测概率分布
    B = np.array([[0.2, 0.8],
                  [0.3, 0.7],
                  [0.7, 0.3]])
    #初始状态概率分布
    rho = np.array([[0.2],
                    [0.4],
                    [0.4]])

    #员工的销售能力观测序列:0 - 低水平,1 - 高水平
    O = np.array([[1],[1],[0]])
    viterbi_algorithm(H, B, rho, O)

if __name__ == '__main__':
    Viterbi_init()
```

运行程序获得结果：【1　0　2】，这是最优化的部门选择序列，即先从第二个部门挑选员工，其次是第一个部门，最后是第三个部门。

2.4.3　条件随机场模型

随机场是由多个位置组成的整体，每一个位置按照特定概率分布，全体称为随机场。假设随机场中特定位置的赋值仅跟与之相邻的位置的概率分布有关，而跟其他不相邻的位置的概率分布无关，就构成了马尔可夫随机场。条件随机场（Conditional Random Fields，CRF）是马尔可夫随机场的特例，是给定输入序列条件下输出序列的条件概率分布模型。假设马尔可夫随机场中只有 x 和 y 两种变量，x 给定，y 是给定 x 条件下的输出。例如，在句子词性标注中，x 一般是词，y 一般是词性。

2.5　混合分词

在实际操作中，有时仅使用一种分词方法难以获得最佳效果，此时会用到混合分词方法，先基于一种分词算法进行操作，然后再通过其他分词算法提高分词效率。常用的混合分词如结巴（jieba）分词，jieba 分词是中文开源分词包，具有高性能、准确率高、可扩展等特点，目前支持 Python 语言。代码参考地址为 https://github.com/fxsjy/jieba。Windows 系统命令行下可以执行 pip install jieba 或者 pip3 install jieba 进行安装。jieba 分词支持四种分词模式：①精确模式；②全模式；③搜索引擎模式；④Paddle 模式，利用深度学习实现分词。

2.6　关键词提取

关键词是文本内容的关键性词语。关键词提取是文本挖掘领域的重要分支，是文本检索、文档比较、摘要生成、文档分类和聚类等文本挖掘研究的基础性工作。关键词提取算法主要有两类：无监督关键词提取方法和有监督关键词提取方法。

2.6.1　无监督关键词提取

无须人工标注语料，利用特定方法将文本中重要的词语作为关键词，然后提取关键词。基本方法是先抽取出候选词，然后对各个候选词打分，接着选取分值排序最高的若干候选词作为关键词。基于打分策略不同，可以采用不同的算法。词频-逆向文件频率关键词提取（Term Frequency Inverse Document Frequency，TF-IDF）的基本思想是，如果特定单词在一份文件中出现的频率（TF）较高，并且在其他文件中出现的频率（IDF）较低，则认为该词语类别区分能力较强，比较适用于分类。PageRank 算法通过计算网页链接的数量和质量来计算网页的重要性。TextRank 算法由 PageRank 算法改进而来，将文本看作词语网络，该网络中的链接表示词与词之间的语义关系，利用文本内部的词语间的共现信息抽取关键词。文档主题（Latent Dirichlet Allocation，LDA）关键词提取算法也称为三层贝叶斯概率模型，利用文档中单词的共现关系来对单词按主题聚类。

2.6.2　有监督关键词提取

先提取出候选词,然后对每个候选词划定关键词或非关键词标签,最后训练关键词抽取分类器。有监督的文本关键词提取算法人工成本较高,因此在衡量成本的情况下,现有的文本关键词提取主要采用无监督关键词提取。

2.7　词性标注

词性标注(Part-Of-Speech Tagging,POS Tagging)是将语料库内单词的词性按其含义和上下文内容进行标记的数据处理技术,比较常见于语义分析和指代消解的预处理操作。词性标注将语料库中的单词按词性分类,本质上是分类问题。词性标注算法主要包括隐马尔可夫模型、最大熵马尔可夫模型、条件随机场以及循环神经网络等。

2.8　命名实体识别

命名实体识别(Named Entity Recognition,NER)是指识别文本中具有特定意义的实体,主要包括人名、地名、机构名、时间、货币和其他专有名词。命名实体识别是信息提取、句法分析、机器翻译等应用领域的重要基础,在自然语言处理技术中发挥着重要作用。

小结

本章主要介绍了正向/逆向匹配算法、正则表达式以及隐马尔可夫模型,通过实例说明了维特比算法在商务中的实际应用。

关键术语

正向最大匹配、逆向最大匹配、正则表达式、隐马尔可夫模型、维特比算法

习题

1. 描述分词的定义。
2. 描述正则表达式的定义。
3. 规则分词的核心内容是什么?
4. 正向最大匹配算法的主要步骤包括哪些?
5. 根据教材中的示例,自定义文本并输出正向最大匹配算法的结果。
6. 逆向最大匹配算法的主要操作步骤包括哪些?
7. 根据书中的示例,自定义文本并输出逆向最大匹配算法的结果。
8. 简述双向最大匹配算法的基本内容。

9. 统计分词的核心内容是什么？

10. 描述隐马尔可夫过程、隐马尔可夫模型。

11. 描述维特比算法的基本思想。

12. 根据书中提供的示例，自定义一种场景并输出基于维特比算法的结果。

13. 描述条件随机场的定义。

14. 描述混合分词。

15. 描述结巴分词支持的四种分词模式。

16. 描述关键词提取的分类。

17. 描述无监督关键词提取。

18. 描述有监督关键词提取。

19. 描述词性标注。

20. 描述命名实体识别。

第 **3** 章

句法分析

本章重点
- 句法树
- 句法分析方法

本章难点
- 概率分布上下文无关语法

3.1 句法分析概述

3.1.1 句法分析概要

句法分析(Syntactic Parsing 或者 Parsing)是识别句子包含的句法成分要素以及成分之间的内在关系,一般以句法树来表示句法分析的结果。实现该过程的应用称作句法分析器(Parser),根据侧重目标分为完全句法分析和局部句法分析。完全句法分析以获取整个句子的句法结构为最终目的,而局部句法分析仅关注局部成分,依存句法分析属于局部分析法。句法分析也可以分为基于规则的方法和基于统计的方法两类。基于规则的方法一般事先构建专家规则,但在大文本的场景下可能会因为语法规则覆盖度有限性问题而影响处理效果,另外一个缺点是可迁移性一般不高。随着大规模标注树库的出现,基于统计模型的句法分析方法逐渐得到广泛应用。统计句法分析模型基于候选句法树,从各候选句法树中找出最有可能的候选结果,通常选择概率最高的候选树作为最终结果。自然语言处理句法分析目前面临的关键技术问题如下。

(1) 语义消歧:语言中存在很多一词多义的用法,歧义与消歧是自然语言理解中最核心的问题之一,在词语、句子、段落篇章等各个层次都会出现因为语境不同而产生歧义的现象,消歧是指根据上下文识别正确语义的过程。由于句子一般是由词语组成,词义消歧是句子消歧的基础。

(2) 路径优化:句法分析的搜索空间和句子长度存在指数对应关系,因此,在句子长度超过特定阈值时,搜索空间会变得十分庞大,从而降低了处理效率。优化搜索路径,以确保能够在合理时间范围内查找到模型定义最优解,是句法分析的目标。

3.1.2 句法树

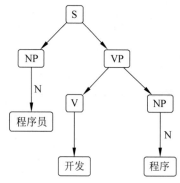

图 3-1 树状图示例

在计算机中,可以用树状结构图来表示文本结构,使用字符 S 代表句子;NP、VP、PP 分别代表名词短语、动词短语、介词短语;N,V,P,M,Q 则分别是名词、动词、介词、数量词和时量词。图 3-1 表示了常见的树状图示例。

表 3-1 列出了清华树库部分句法的功能标记和结构标记。功能标记集主要侧重于对汉语短语进行功能分类。结构标记集则侧重于对不同句法成分内部的结构语义关系进行更加深入的描述。比较常见的结构标记如主谓、述宾、述补、介宾等。

表 3-1 句法标记集示例

序号	功能标记	代表名称	结构标记	代表名称
1	np	名词短语	ZW	主谓结构
2	tp	时间短语	PO	述宾结构
3	vp	动词短语	SB	述补结构
4	ap	形容词短语	DZ	定中结构
5	sp	处所短语	JB	介宾结构
6	bp	区别词短语	AD	附加结构
7	dp	副词短语	SX	顺序结构
8	pp	介词短语	XX	缺省结构
9	mbar	数词准短语	LH	联合结构
10	mp	数量短语	ZZ	状中结构
11	dj	单句句型	CD	重叠结构

表 3-2 列出了根据国家标准得到的部分汉语词类标记集。

表 3-2 汉语词类标记集

序号	代码	代表名称	代码	代表名称
1	a	形容词	nP	指人专名
2	aD	副形词,形容词直接作状语	nS	地点专名
3	b	区别词	v	动词

续表

序号	代码	代表名称	代码	代表名称
4	c	连词	t	时间词
5	d	副词	x	任意字符串
6	dB	否定前副词	y	语气词
7	dD	程度副词	z	状态词
8	dN	否定副词	u	助词
9	p	介词	s	处所词
10	n	名词	i	成语
11	m	数词	e	叹词
12	l	连接语	h	前缀

按照上述列举的标记规范,现举例说明句子的句法分析,其基本格式为:〈<句子序号>〉{〈<词语>＋<句法成分标注>〉<回车符>}。其中的句法成分标注格式为:〔<功能标记>＋<结构标记>…〕。

【实例3-1】 句法标注实例

(1).〔dj-ZW〔np-DZ 各国/n〔np-DZ 友人/n 华侨/n〕〕〔vp-ZZ 积极/aD〔vp-PO 拥护/v 团结/n〕〕〕

(2).〔dj-ZW〔np-DZ〔mp-DZ 一/N/m 批/qN〕员工/n〕〔vp-PO 参加/v 商务班/n〕〕

3.1.3 常用句法分析相关数据集简介

语料库的句法标注是自然语言处理研究的基础问题,处理目标是对语料文本进行语言句法分析和标注,形成可复用的树库(Tree Bank)语料。目前为止,国内外已经开发完成的大规模常见的树库和句法分析数据集包括英国的 Lancaster-Leeds 树库、美国的 Penn 树库(涵盖中英文)、清华大学句法树库为基础的系列句法分析数据集,以及中国台湾 Sinica 中文树库等。

下面简要分别介绍几种常用树库。

(1) 美国宾夕法尼亚大学英文树库(Penn TreeBank,PTB)。

PTB 从 Wall Street Journal(WSJ)的基准约十万个故事中选取了近2.5%个用于句法注释。最初的 PTB 句法结构树比较简单,之后标记功能逐渐增加,体现句子中的句法成分,并以建立句法到语义之间的联系为目标。

(2) 美国宾夕法尼亚大学汉语树库(Chinese Treebank,CTB)。

汉语 CTB 与英语 PTB 的标注体系一脉相承,存在交集的部分。涵盖约五十万个单词,因为共享共同的标注框架,在实现英语和汉语的双语信息标注方面具有一定优势。

(3) 中国台湾 Sinica 汉语树库。

Sinica 树库主要处理特点是根据标点对汉语进行处理,对每个处理后的子句再进行句法分析和标注,化整为零从而实现句法树体系。目前共容纳约二十五万个词汇。优点是因为进行了文本切片处理，最终标注难度得到一定程度下降，缺点是可能存在一定信息丢失。

（4）清华大学句法标注库。

清华大学句法信息标注语料库由一系列子库组成，各子库体现不同的主要功能，包括句法树库（Tsinghua Chinese Treebank，TCT）、功能语块标注库（Functional Chunk Bank，FCB）、基本块标注库（Base Chunk Bank，BCB）、功能块标注库（Functional Chunk Bank，FCB）、依存描述库、句法语义链接库（Syntax-Semantics Linking Bank，SSL）以及句法语义标注库（Syntactically and Semantically Annotated Corpus，SSAC）等。TCT和FCB由人工标注完成，而其他库则通过算法自动提取。

TCT目前已经标注规模为100万汉语词语，涵盖不同文体语料，如文学、学术、新闻和应用等。以标点符号等标记作为句子切分依据，对句法树上的结点提供成分标记和关系标记两种功能。

功能语块标注库主要处理小句层面结构信息，目前完成标注规模约二百万汉语字。一般来说，对于一个句子，主语语块主要描述了句子的陈述对象，即陈述的主题，述语语块则体现相应的动作或行为，宾语语块说明跟动作行为有关的事物。表3-3是汉语功能语块标记集的部分汇总。

表 3-3 汉语功能语块标记集

序　　号	语 块 标 记	语 块 内 容
1	S	主语短语
2	P	述语短语
3	O	宾语语块
4	J	兼语语块
5	D	状语语块
6	C	补语语块
7	T	独立语块
8	Y	语气块

【实例 3-2】 功能语块标注实例

1. [S 校长 [P 指出 [O 教育改革进入新阶段。

2. [P 禁止 [O 吸烟。

基本块标注库主要描述句子中直接相邻的、具有特定语义内容的词语序列。约一百万汉语词语，覆盖不同体裁文本。功能块标注库描述了句子的基本架构，是联系句法形式和语义内容的纽带。句法依存描述库描述汉语词在文本句子中可能的句法依存关系，如述宾关系、述补关系以及主谓关系等。句法语义链接库在词汇对层面上建立句法依存关系和事件语义描述的内在联系。句法语义标注库选择文本中体现事件的目标动词，确定其在句子中反映的语义词典的相应内容，形成事件内容的完整描述。

3.2 句法分析方法

句法分析的基本任务是确定句子的语法结构或词汇间的依存关系。句法分析是自然语言处理实现目标的关键环节。句法分析通常分为结构分析和依存关系分析两种。完全句法分析以获取句子整体结构为目标,而局部分析则关注局部成分,依存关系分析属于局部分析。

语法分析的目标是分析语法和句法结构并将其表示为可以理解的信息,包括短语结构和依存句法两种形式。短语结构关注句子短语的层级关系,而依存句法分析不同,着重于句子词语之间的语法关系,通常表述为树形结构。

依存理论认为词语之间存在一定主从关系,具有不等价特征。如果一个词修饰另一个词,则称修饰词为从属词(Dependent),被修饰的词语称为支配词(Head),两者之间的关系称为依存关系(Dependency Relationship)。如果将句子中所有词语的依存关系以有向边的方式表述,则得到依存句法树(Dependency Parse Tree)。

语言学家 Robinson 对依存句法树提出以下 4 个约束性的公理。

(1) 有且仅有一个词语(ROOT,虚拟根结点)不依存于其他词语。

(2) 除根结点之外其他单词存在依存关系。

(3) 各单词不能依存于多个单词。

(4) 如果单词 X 依存于 Y,那么位置处于 X 和 Y 之间的单词 Z 只能依存于 X、Y 或 X 和 Y 之间的单词。

这四条公理分别约束了依存句法树根结点唯一性、连通性、无环性和投射性。这些约束对语料库的标注以及依存句法分析器的开发设计创造了基础。按照生成能力,短语结构文法可以划分为四类:无约束短语结构文法,上下文有关文法(Context Sensitive Grammar),上下文无关文法(Context Free Grammar)和正则文法(Regular Grammar)。上下文无关文法广泛应用于自然语言句法分析,分析算法高效,缺陷是存在歧义问题,这也成为句法分析需要突破的瓶颈难点。下面重点介绍上下文无关文法。

句法分析的评价标准中,比较常见的指标由标记的准确率(Precision)、召回率(Recall)和 $F1$ 值三项组成,参见式(3-1)~式(3-3)。

$$P = \frac{预测正确的短语数量}{分析得到的短语总数} \times 100\% \tag{3-1}$$

$$R = \frac{预测正确的短语数量}{标准树库中短语总数} \times 100\% \tag{3-2}$$

$$F1 = \frac{2PR}{P+R} \tag{3-3}$$

由于语法的解析存在歧义性,因此结果可能导致多种语法树可供备选,从中找出可能性最高的句法树,即概率最大的句法树,是概率分布上下文无关语法(Probabilistic Context Free Grammar,PCFG)的基本处理逻辑。概率分布上下文无关语法源自上下文无关文法。如图 3-2 和图 3-3 所示,基本结构为树状,并赋予各分支相应的语法规则,各规则对应各自的实现概率,概率的大小值也可能体现歧义大小。基于语法树,由于各分支相当于完成整个路径选择的子步骤,因此可以将各规则的概率的乘积作为语法树整体的发生概率。自然语言处理中歧义问题比较普遍,特别是复杂的句子可能会有多种不同的句法分析树,通过句法树排歧是一种比较简单直观的方法。

表 3-4 列出了基于概率分布上下文无关语法的结构关系,树形结构参考图 3-2。

表 3-4　概率分布上下文无关语法

上下文无关语法	概率分布	上下文无关语法	概率分布
S $\longrightarrow$ NP,VP	1.0	V $\longrightarrow$ reached	1.0
VP $\longrightarrow$ V,NP	0.8	NP $\longrightarrow$ goal	0.2
PP $\longrightarrow$ P,NP	1.0	P $\longrightarrow$ without	1.0
VP $\longrightarrow$ VP,PP	0.4	NP $\longrightarrow$ help	0.3
NP $\longrightarrow$ NP,PP	0.5	NP $\longrightarrow$ instrument	0.5
NP $\longrightarrow$ He	0.2	NP $\longrightarrow$ doctor	0.6

基于上述信息,得出相应句法树的生成概率表示于式(3-4):

$$P_1 = P(S) \times P(NP) \times P(VP) \times P(V) \times P(NP) \times P(NP) \times P(PP) \times P(P) \times P(NP)$$
$$= 1.0 \times 0.2 \times 0.8 \times 1.0 \times 0.5 \times 0.2 \times 1.0 \times 1.0 \times 0.2 = 0.0032$$

(3-4)

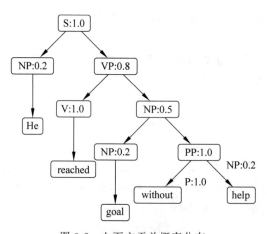

图 3-2　上下文无关概率分布

基于歧义的观点,如果存在另外一种理解导致各规则以及各结点的概率值呈现为如图 3-3 所示结果,根据概率分布上下文无关语法得出该句法树的概率则表示为式(3-5):

$$P_2 = P(S) \times P(NP) \times P(VP) \times P(VP) \times P(V) \times P(NP) \times P(PP) \times P(P) \times P(NP)$$
$$= 1.0 \times 0.2 \times 0.7 \times 1.0 \times 1.0 \times 0.2 \times 1.0 \times 1.0 \times 0.2$$
$$= 0.0056$$

(3-5)

比较两个概率值,第二个句法树的生成概率高,因此选择第二棵句法树作为最终结果。如果存在多种歧义,可以使用类似的方法求出概率最大的句法树。

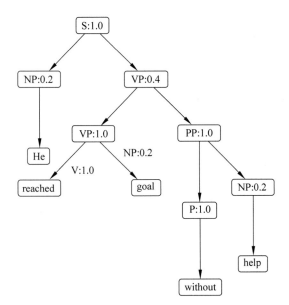

图 3-3 上下文无关概率分布(歧义)

3.3 神经网络句法分析

传统句法分析方法使用了人工标注的特征及其组合,需要前期大量的特征准备工作,人工成本问题受到关注。近年来,随着机器学习和深度学习的逐渐兴起,基于神经网络的句法分析模型开始涌现。神经网络能够对特征信息进行自动建模,具有自主学习能力,可以对特征进行自动优化,避免了大量的手动特征标注工程,并且,基于神经网络的句法分析模型的处理性能一般也优于传统的句法分析模型,因此,开发性能优异的神经网络算法成为近年研究的聚焦点。

神经网络句法分析可以基于前向反馈信息,基于结构化信息,基于搜索或者基于层次化信息模型,不同的分析方法处理方式有所不同,处理效率上可能也存在差异。

3.4 句法分析算法

句法分析过程中,假定字符序列 $S = w_1 w_2 \cdots w_n$ 和概率上下文无关语法 G,一般情况下,下述三点成为解决问题的关键。

(1) 如何计算由 G 产生 S 的概率 $P(S|G)$?

(2) 如果 S 有多种语法树,如何选择最优值?

(3) 如何调整 G 的规则概率参数,使得 $P(S|G)$ 实现最优化?

可以通过向内算法、维特比算法以及向外算法解决上面的三个问题。

3.5 句法分析工具

基于统计的句法方法在句法分析中具有重要的作用。目前在开源中文句法分析器中比较具有代表性的有 Stanford Parser 和 Berkeley Parser。前者基于因子模型，后者基于非词汇化分析模型。

Berkeley Parser 是由伯克利大学开发的句法分析器，基于 PCFG 的句法分析，目前支持的语言包括英文、中文等语言。分析器的输入形式可以文件为单位，分析完成后得到句法分析结果，支持文本、图像输出以及多线程分析，但分词功能需事先借助外部分词工具来进行分词，再将经过预处理的分词结果作为句法分析器的输入。https://github.com/slavpetrov/berkeleyparser 提供了 Jar 包和模型下载。

StanfordParser 是由斯坦福大学开发的开源句法分析器，是基于概率统计句法分析的应用程序，目前支持中文和英文等多种语言文法。它是一个高度优化的概率上下文无关文法和依存分析器，以宾州树库（Penn Treebank）作为训练数据，支持句法分析树、分词和词性标注文本、短语结构树等输出。内置分词工具、词性标注工具。

3.6 斯坦福句法分析实例

使用斯坦福句法分析器进行中文句法分析需要提前安装 jieba 和 NLTK 库，可以使用 pip install jieba 和 pip install nltk 命令进行安装，句法分析程序 Jar 包的下载地址可以参考斯坦福大学提供的下述互联网网址 https://nlp.stanford.edu/software/lex-parser.shtml♯Download，目前最新版本为 4.2。此外，句法分析前需要事先安装 Java 的 JDK 应用程序并且在操作系统的环境变量中完成配置，Java 包可访问 Oracle 提供的下载地址 https://www.oracle.com/java/technologies/javase-downloads.html。

假定对象分析文本为"当今世界正经历一场百年大变革。"，利用斯坦福句法程序分析得到的句法结构如图 3-4 所示。

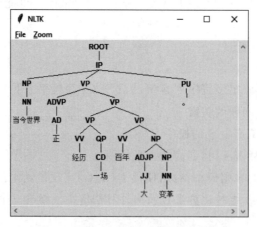

图 3-4　基于斯坦福句法的分析结果

小结

本章主要介绍了传统句法分析以及神经网络句法分析的基本概念,通过实例介绍了概率分布上下文无关语法的实际应用。

关键术语

句法分析、神经网络句法分析、概率分布上下文无关语法

习题

1. 描述句法分析的定义。
2. 描述句法分析的分类。
3. 列举基于规则句法分析的缺点。
4. 简述自然语言处理句法分析目前面临的主要技术难点。
5. 列举常见的结构标记。
6. 列举常用句法分析相关数据集。
7. 清华句法依存描述库包含哪些主要句法依存关系?
8. 简述清华句法语义链接库的功能。
9. 简述完全句法分析的主要目的。
10. 简述局部分析的主要目的。
11. 依存分析属于完全句法分析还是局部句法分析?
12. 按照生成能力,短语结构文法可以如何划分?
13. 成分句法分析的评价标准包括哪些指标?
14. 描述概率分布上下文无关语法。
15. 如果概率分布上下文无关语法存在多种概率树,最后选用哪种作为结果?
16. 概率分布上下文无关语法需要解决哪三个问题?
17. 为解决概率分布上下文无关语法的问题,通常会用到哪些算法?
18. 简要分析传统句法分析的缺点。
19. 简要分析基于神经网络的句法分析优点。
20. 简要说明伯克利句法分析器和斯坦福句法分析器的主要特征。

第 **4** 章

文本向量化

本章重点

- 文本向量化
- 独热编码
- 词袋模型
- N 元模型
- 词频-逆文档频率模型

本章难点

- 单词-向量模型
- 文档-向量模型

4.1 文本向量化简介

4.1.1 文本向量化概述

文本向量化是将文本信息表示成能够表达文本语义的向量,用数值向量来表示文本的语义。词嵌入(Word Embedding)是一种将文本词语转换成数字向量的方法,属于文本向量化处理的范畴。为了使用机器学习算法对文本进行分析,需要对文本进行向量化处理,操作结果以数字形式输入分析程序,词嵌入即是把高维数向量空间映射到低维数向量空间中,每个单词或词组被映射为实数域上的向量,词嵌入的处理结果是词向量表达。常见的词性标注、命名实体识别、文本分类、情感分析、文档生成等问答系统都可能使用到词向量处理。

文本向量处理面临的主要挑战如下。

（1）信息丢失：向量表达需要保留信息结构和结点间的联系。

（2）可扩展性：嵌入方法应具有可扩展性，能够处理可变长文本信息。

（3）维数优化：高维数会提高精度，但时间和空间复杂性也增加。低维度虽然时空复杂度低，但以损失原始信息为代价，因此需要权衡最佳维度的选择。

常见的文本向量和词嵌入方法包括独热模型（One Hot Model）、词袋模型（Bag of Words Model，BOW）、词频-逆文档频率（Term Frequency Inverse Document Frequency，TF-IDF）、N 元模型（N-Gram）、单词-向量模型（Word2vec）以及文档-向量模型（Doc2vec）等。

4.1.2 文本向量化常见模型

1. 独热编码

独热编码（One Hot Encoding）采用 N 位状态寄存器来对 N 个离散状态进行编码，是分类变量作为二进制向量的表述，N 可以代表事物类别的数量，寄存器的状态为 1 或者 0。独热编码进行句子向量化主要包括构造文本分词词典以及执行独热编码两个步骤。该方法使用了信息检索模型，在部分保留文本语义的前提下对文本进行向量化表示，与传统基于数值标签分类的方式存在差异。

下面通过举例说明其基本原理。

（1）首先，根据提供的文本构建词典，假设词典中的词语包含｛人工，智能，数据，挖掘，商业｝，按照传统标签分类方法，则与词典相对应的词列表可以表示为序列｛"人工"：1，"智能"：2，"数据"：3，"挖掘"：4，"商业"：5｝，其中的数字可以视作对应词语的标签信息或者事物的分类信息。

（2）其次，基于独热编码表示法，构造一个 N 维向量，该向量的维度与词典的长度一致。对于给定词语 $\omega_j=(j=1,2,\cdots,N)$ 进行向量表达时，其在词典中出现的相应位置的寄存器可以赋值为 1，此时，其他位置的寄存器状态全部赋值为 0。可以用式（4-1）表达：

$$\omega_j=\begin{cases}1, & j\in\text{文本}\\0, & j\notin\text{文本}\end{cases}\qquad(4\text{-}1)$$

根据上面的数学表达式，对每个词语进行向量化表达得到表 4-1。

表 4-1 独热编码

词语 ＼ 词典	人工	智能	数据	挖掘	商业	词语向量表达
人工	1	0	0	0	0	[1,0,0,0,0]
智能	0	1	0	0	0	[0,1,0,0,0]
数据	0	0	1	0	0	[0,0,1,0,0]
挖掘	0	0	0	1	0	[0,0,0,1,0]
商业	0	0	0	0	1	[0,0,0,0,1]

可见，"人工"的向量化表达为[1,0,0,0,0]，"智能"的向量化表达为[0,1,0,0,0]，其他词语类推，每个词语在词典中的向量表达式唯一，不发生重复。独热编码中，文本的向

量化通过简单数值来表示,因此这一过程中会引入信息失真。具体而言,存在的主要问题包括维度过高、矩阵稀疏和语义丢失等。

2. 词袋模型

词袋模型(Bag of Words Model,BOW)假定对于给定文本,忽略单词出现的顺序和语法等因素,将其视为词汇的简单集合,统计词语出现的频率,文本中每个单词的出现属于独立关系,不依赖于其他单词。

仍然用上述构建的词典{"人工","智能","数据","挖掘","商业"}为例,假定两个文本"人工智能"和"智能数据挖掘",先根据词典构造长度为 $N=5$ 的向量,不同文本基于词典长度 N 构造向量。文本"人工智能"分词后得到词语"人工"和"智能",而文本"商业智能数据挖掘"分词后得到"商业""智能""数据"以及"挖掘",因此"人工智能"的向量表达可以表示为 $[1,1,0,0,0]$,而"商业智能数据挖掘"的向量表达可以表示为 $[0,1,1,1,1]$,词典第 i 维上的数字代表对象词在对象文本里出现的频率,如表 4-2 所示。词袋模型可以一定程度体现文本信息,但句子长度较长或者结构较复杂的情况下,基于词袋模型的文本表示可能出现表达维度过高、矩阵稀疏和语义丢失等问题。

表 4-2　词袋模型

词语 ＼ 词典	人工	智能	数据	挖掘	商业	文本向量表达
人工智能	1	1	0	0	0	$[1,1,0,0,0]$
商业智能数据挖掘	0	1	1	1	1	$[0,1,1,1,1]$

3. 词频-逆文档频率模型

词频-逆文档频率模型(Term Frequency Inverse Document Frequency,TF-IDF)是数据信息挖掘的常用统计技术。词频(Term Frequency,TF)统计词语在特定文档中的频率,而逆文档频率(Inverse Document Frequency,IDF)统计的是词语在其他文档中出现的频率。其处理基本逻辑是词语的重要性随着其在特定文档中出现的次数呈现递增趋势,但同时会随着其在语料库中其他文档中出现的频率递减下降。词频-逆文档频率模型数学表达如式(4-2)所示:

$$\text{TF-IDF}(w,d) = \text{TF}(w,d) \cdot \text{IDF}(w) \tag{4-2}$$

因此,词语在特定文档中出现频次越多,同时在所有其他文档中出现的频率越少,词频-逆文档频率值就越大。$\text{TF}(w,d)$ 体现词语 w 在特定文档 d 中出现的频率高低,值与频率呈正相关关系;而 $\text{IDF}(w)$ 体现对象词在其他文档出现的频率高低,值与频率呈负相关关系,通常用于衡量区分包含词语 w 的文档和其他文档的重要性。

4. N 元模型

N 元模型(N-Gram Model)的基本思路是基于给定文本信息,预测下一个最可能出现词语的概率。$N=1$ 称为单元(Uni-gram),表示下一词的出现不依赖于前面相邻的任何词；$N=2$ 称为双元（Bi-gram），表示下一词仅依赖前面直接相邻的一个词语，以此类推。N 元模型的前提假设是第 N 个词语仅与前面直接相邻的 $N-1$ 个词相关，而与其他位置的词语不存在关联。因此，整体文本出现的概率就等于文本中各词语出现的概率乘积，数学表达式如式（4-3）：

$$P(\omega_1,\omega_2,\dots,\omega_n)=P(\omega_1)P(\omega_2\mid\omega_1)\cdots P(\omega_n\mid\omega_1,\omega_2,\dots,\omega_{n-1}) \qquad (4-3)$$

N 元模型考虑词语出现的顺序，但随着词语数量增大，可能出现表述稀疏问题。

5. 单词-向量模型

单词-向量模型（Word2vec）由 Google 公司于 2013 年提出，其基本逻辑是将难计算、非结构化的词语转换为易计算、结构化的向量。单词-向量模型不关注词的出现顺序。训练完成之后，模型可以针对词语和向量建立映射关系，因此可用来表示词语跟词语之间的关系。单词-向量模型包含连续词袋模型（Continuous Bag of Words，CBOW）和略元模型（Skip Gram）两种网络结构。

连续词袋模型可以视作多层神经网络结构，基本逻辑是已知上下文本信息，预测对象词语出现的概率。首先，把上下文信息进行编码后输入模型；然后通过中间层进行求和操作；接着利用激活函数计算单词的生成概率；最后，结合训练神经网络权重最大化语料库中所有单词的整体生成概率，而求解获得的权重矩阵就是文本词向量表达的结果。连续词袋模型的原理概要参见图 4-1。

略元模型的处理流程与连续词袋模型相异，其基本原理是根据给定词语来预测该对象词的上下文语境，模型的原理概要参见图 4-2。

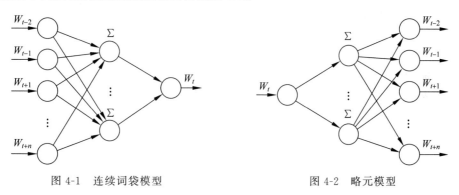

图 4-1　连续词袋模型　　　　　　　　　　图 4-2　略元模型

6. 文档-向量模型

文档-向量模型（Doc2vec）包含两种：基于段向量的分布式内存模型（Distributed Memory Model of Paragraph Vector，PV-DM）和基于段向量的分布式词袋模型（Distributed Bag of Words of Paragraph Vector，PV-DBOW），处理逻辑分别与单词-向量模型的连续词袋模型和略元模型对应。与连续词袋模型类似，基于段向量的分布式内存模型预测基于给定上下文信息条件下推算特定单词出现的概率，但模型的上下文不仅包括上下文单词语境而且还包括相应的段落信息（Paragraph ID，PID）。基于段向量的分布式词袋模型则在仅给定段落信息的情况下预测段落前后文语境的发生概率，与略元模型基于给定目标词语预测前后文的处理逻辑类似。二者示意图分别表示于图 4-3 和图 4-4。

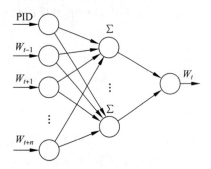

图 4-3　基于段向量的分布式内存模型

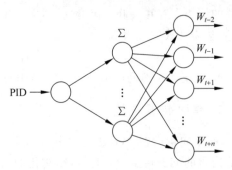

图 4-4　基于段向量的分布式词袋模型

4.2　文本向量化实例

本节以文本向量化为目标，举例说明基于不同模型的实现过程，本实例使用的数据集主题是用户对不同类型的女性服装的评论，总共有 23485 条记录。

4.2.1　案例实现步骤

1. 导入库文件

首先导入需要的库文件，本实例涉及包括词频-逆文档频率模型、N 元模型以及词袋模型，并利用混淆矩阵直观描述各模型的预测能力。

```python
from sklearn.model_selection import train_test_split
from sklearn.feature_extraction.text import CountVectorizer
from sklearn.feature_extraction.text import TfidfVectorizer
from sklearn.metrics import accuracy_score
from sklearn.metrics import confusion_matrix
import matplotlib.pyplot as plt
from gensim.models import Word2Vec
from sklearn.neighbors import KNeighborsClassifier
import gensim
import nltk
```

2. 数据清洗

读入评论数据，删除空值，以空格符为基准针对用户评论进行统计，针对数据的评论列进行分类统计，只分析用户关注度比较高且排名前五的用户评论，得到分类统计的图形比较结果如图 4-5 所示。

```python
df = pd.read_csv('data/Reviews.csv')
df = df.dropna()
```

```
df['review'].apply(lambda y: len(y.split(' '))).sum()
ax = df.category.value_counts().head(5).plot(kind = "bar", figsize = (30,12), fontsize = 35)
ax.set_xlabel("服装类型", fontsize = 35, fontfamily = 'Microsoft YaHei')
ax.set_ylabel("频率统计", fontsize = 35, fontfamily = 'Microsoft YaHei')
```

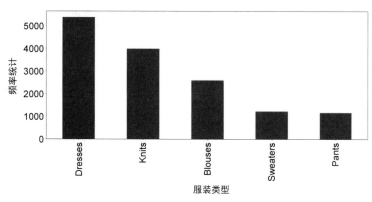

图 4-5 用户评论统计

3. 配置混淆矩阵

定义混淆矩阵以及参数设置，并设定图形输出的主要特征。

```
def confusion_matrix_definition(cm, title = '混淆矩阵', cmap = plt.cm.Purples, ax = ax):
    plt.imshow(cm, interpolation = 'nearest', vmin = −1, vmax = 1, cmap = cmap, origin = 'lower')
    plt.title(title, fontweight = "bold")
    plt.colorbar(plt.imshow(cm, interpolation = 'nearest', cmap = cmap, origin = 'lower'))
    length = np.arange(len(categories))
    plt.xticks(length, categories, rotation = 45)
    plt.yticks(length, categories)
    plt.rcParams['font.sans − serif'] = ['Microsoft YaHei']
    plt.rcParams['font.size'] = 14
    plt.rcParams['axes.unicode_minus'] = False
    plt.ylabel('真实值')
    plt.xlabel('预测值')
    plt.show()
```

4. 预测结果

评估预测结果，通过正则化混淆矩阵方式显示预测值和期望值之间的关系。

```
def predict_appraise(predict, mark, title = "混淆矩阵"):
    print('准确率: % s' % accuracy_score(mark, predict))
    cm = confusion_matrix(mark, predict)
    N = len(cm[0])
    # 矩阵元素旋转 90°
```

```
for i in range(N // 2):
    for j in range(i, N - i - 1):
        temp = cm[i][j]
        cm[i][j] = cm[N - 1 - j][i]
        cm[N - 1 - j][i] = cm[N - 1 - i][N - 1 - j]
        cm[N - 1 - i][N - 1 - j] = cm[j][N - 1 - i]
        cm[j][N - 1 - i] = temp

print('混淆矩阵: \n %s' % cm)
print('(行=期望值, 列=预测值)')

for i in range(N // 2):
    for j in range(i, N - i - 1):
        temp = cm[i][j]
        cm[i][j] = cm[N - 1 - j][i]
        cm[N - 1 - j][i] = cm[N - 1 - i][N - 1 - j]
        cm[N - 1 - i][N - 1 - j] = cm[j][N - 1 - i]
        cm[j][N - 1 - i] = temp

cmn = cm.astype('float') / cm.sum(axis = 1)[:, np.newaxis]
fig, ax = plt.subplots(figsize = (6, 6))
confusion_matrix_definition(cmn, "正则化混淆矩阵")
```

以客户评论数据为预测对象，选取排名前五的女性服饰类型，调用评估预测函数得到评估结果。

```
def predict(vectorizer, classifier, data):
    vt = vectorizer.transform(data['review'])
    forecast = classifier.predict(vt)
    mark = data['category']
    predict_appraise(forecast, mark)
```

剔除长度不符合要求的数据。

```
def tokenization(text):
    list = []
    for k in nltk.sent_tokenize(text):
        for j in nltk.word_tokenize(k):
            if len(j) < 5:
                continue
            list.append(j.lower())
    return list
```

5. 词袋模型结果

利用词袋模型进行文本向量化处理。

```
bow = CountVectorizer(
    analyzer = "word", encoding = 'utf − 8', tokenizer = nltk. word_tokenize,
    preprocessor = None, decode_error = 'strict', strip_accents = None, stop_words = 'english',
max_features = 4200)
train_data_features = bow.fit_transform(train_data['review'])
```

词袋模型的预测结果,得到混淆矩阵的数值输出:

```
准确率: 0.6399
混淆矩阵:
[[ 22   32 190   58  225]
 [ 18   23   86  858   59]
 [ 69   40  448   95  215]
 [  4  146   14   14    9]
 [155    4   38   26   15]]
(行 = 期望值, 列 = 预测值)
```

词袋模型的混淆矩阵图形分析结果如图 4-6 所示。

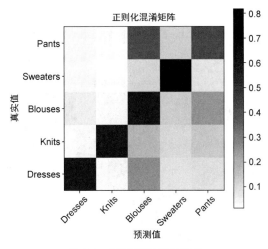

图 4-6   词袋模型评估结果

从图 4-6 可知,对角线上的值表示正确分类的结果,颜色越深数值越大,分类结果越正确,非对角线上的值表示模型错误分类结果,颜色越深数值越大,被错误分类的概率越大。可见,模型对 Sweaters 类型的预测分类结果准确性最高,混淆矩阵元素达到 858,Blouses 的预测准确性次之,其他三种类型准确性略低,整体而言,准确率约为 0.64。

6. N 元模型结果

定义 N 元模型评估函数:

```
n_gram = CountVectorizer(
    analyzer = "char",
    ngram_range = ([3,6]),
```

```
    tokenizer = None,
    preprocessor = None,
    max_features = 4200)
reg = linear_model.LogisticRegression(n_jobs = 1, C = 1e6)
train_features = n_gram.fit_transform(train_data['review'])
reg = reg.fit(train_features, train_data['category'])
predict(n_gram, reg, test_data)
```

获得基于 N 元模型的混淆矩阵数值输出结果。

```
准确率: 0.6975
混淆矩阵:
[[ 21  15 206  39 238]
 [ 13  24  47 933  42]
 [ 64  15 478  57 216]
 [  7 185  11   9   8]
 [163   6  34  13  19]]
(行 = 期望值, 列 = 预测值)
```

N 元模型的混淆矩阵图形评估结果如图 4-7 所示，分类最为准确的仍然是 Sweaters，其次是 Blouses，而其他三种类型的预估结果比较接近。整个模型的准确性比词袋模型略高，可以达到约 0.7。

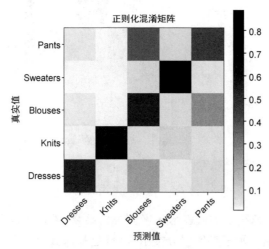

图 4-7 N 元模型评估结果

7. 词频-逆文档频率模型结果

定义词频-逆文档频率模型的评估函数和评价参数。

```
tf_idf = TfidfVectorizer(
    min_df = 2, tokenizer = nltk.word_tokenize,
    preprocessor = None, stop_words = 'english')
train_features = tf_idf.fit_transform(train_data['review'])
```

```
reg = linear_model.LogisticRegression(n_jobs = 1, C = 1e6)
reg = reg.fit(train_features, train_data['category'])
```

获得混淆矩阵数值结果，词频-逆文档频率模型的准确率约为 0.61。

```
准确率: 0.6105
混淆矩阵:
[[ 24   28  179   65  217]
 [ 17   25   94  815   61]
 [ 73   41  420  139  191]
 [  7  149   28   15   33]
 [147    2   55   17   21]]
(行 = 期望值, 列 = 预测值)
```

词频-逆文档频率模型评估的图形结果如图 4-8 所示，预测精度的顺序基本没有变化，符合 Sweaters、Blouses 以及 Dresses/Knits/Pants 三种类型的分类结果。

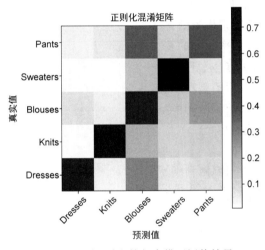

图 4-8　词频-逆文档频率模型评估结果

4.2.2　案例总结

从上面的实例可以看出，分别使用三种文本向量评估模型，Sweaters 的分类结果相对准确，Blouses 准确性次之，而其他三种准确性相差不大。模型整体准确率而言，从高到低的顺序依次为 N 元模型、词袋模型以及词频-逆文档频率模型。因此，针对不同的文本信息处理，不同的模型可能在评价结果的准确性排序上存在一定差异，准确性精度上也可能有所区别。

小结

本章主要介绍了文本向量化的常用方法，并通过实例说明不同的向量化模型对自然语言处理结果的影响。

关键术语

文本向量化、词嵌入、连续词袋模型、略元模型、词频-逆文档频率、准确性

习题

1. 简要描述文本向量化。
2. 常见的文本向量表示模型有哪些？
3. 独热模型主要包括哪两个步骤？
4. 简要描述独热模型的表示过程。
5. 简要描述独热模型的主要缺点。
6. 简要描述词袋模型。
7. 简要描述词袋模型的主要缺点。
8. 描述词频-逆文档频率模型的含义。
9. 描述词频-逆文档频率模型的基本思想。
10. 描述 N 元模型的基本思路。
11. 描述单词-向量模型的基本思想。
12. 单词-向量模型包括哪两种模型？
13. 简要描述连续词袋模型。
14. 简要描述略元模型。
15. 文档-向量模型包括哪两种类型？
16. 描述基于段向量的分布式内存模型。
17. 描述基于段向量的分布式词袋模型。
18. 选用不同素材，输出词袋模型的输出结果，对比与本书范例的异同点。
19. 选用不同素材，输出 N 元模型的输出结果，对比与本书范例的异同点。
20. 选用不同素材，输出词频-逆文档频率模型的输出结果，对比与本书范例的异同点。

第  5 章

舆情分析和预测分析

本章重点
- 舆情分析
- 预测分析

本章难点
- 基于机器学习的情感分析
- 基于机器学习的预测分析

5.1 舆情分析概述

5.1.1 舆情分析研究对象

　　舆情分析很多情况下涉及用户的情感分析,或者也称为观点挖掘,是指用自然语言处理、文本挖掘技术以及计算机语言学等方法来正确识别和提取文本素材中的主观信息,通过对情感因素的主观性文本进行分析,确定文本的情感倾向。

　　在商务和经济领域,情感分析的应用非常广泛,比如商品销售评论挖掘、产品推荐、金融股市预测、社会事件的评论等。文本情感分析的基本步骤是对文本信息的情感属性进行分类,诸如褒义贬义,正向负向,或者更复杂的情绪状态等。

　　在部分统计分类中,不带情感的中性类经常被忽略,在特定场合下,区分出中性类可以帮助提高分类算法的整体准确率。判定文本情绪的常用方法是利用比例换算系统,当一个词语通常被认为与消极、中性或积极的情感有关联时,可以给对象词赋予指定范围内的数值,数值的大小用于区分级类别,这使得非结构化文本数据的情感分析变得可能。第二种方法是根据研究目的,计算文本情感力度分数。第三种方法是主观和客观识别,这个

问题有时比其他级分类问题更难解决。因为主观属性判定可能是依赖于前后文语意，而客观文本也有可能包含主观信息。此外，结论在很大程度上可能依赖于主观概念的具体定义。第四种方法则基于功能和属性，针对实体在某方面或者特定功能下表现出来的意见或情感，功能可以理解为实体的属性或者组成部分，然后判断其情感属性。

现有的文本情感分析的途径大致可以分成关键词识别、词汇关联、统计方法和概念算法四大类别。关键词识别是利用文本中出现的定义实现分类。词汇关联则调查词汇和特定情感的内在关联。统计方法通过删除机器学习元素，比如潜在语意分析（Latent Semantic Analysis，LSA）、支持向量机（Support Vector Machines，SVM）等分析情感因素。概念算法则权衡了知识表达（Knowledge Representation）的元素，比如知识本体以及语义网络（Semantic Networks），因此也可以检测到文本信息的细微情感表达。例如，分析尚无明确相关信息的文本，可以通过分析与明确概念的潜在联系来获取信息。

5.1.2　情感分析方法

目前主流的情感分析方法主要有两种：基于情感词典的分析法和基于机器学习的分析法。

1. 基于情感词典的情感分析

基于情感词典的情感分析是指根据已构建的专家情感词典，针对对象分析文本进行文本处理抽取关键情感词，计算对象文本的情感倾向。分类质量很大程度上取决于专家词典的完善度和准确度。目前比较具有代表性的中文情感词典，包括知网情感分析用词语集、台湾大学情感词典以及清华大学褒贬词词典等。

2. 基于机器学习的情感分析

情感分析有时具有二分类特征，可以采用机器学习的方法识别，选取文本中的情感词作为特征词，将文本矩阵化，利用逻辑回归模型（Logistic Regression）、朴素贝叶斯模型（Naive Bayes）、支持向量机模型、K 均值模型（K-means）以及 K 均值改进模型等进行分类，训练文本的选择以及情感标注的准确性都可能影响分类效果。

下面重点介绍 K 均值算法，它是常用的聚类算法之一。算法的输入是一个样本集，通过该算法可以将用户或者用户情感样本进行聚类，具有相似特征的样本聚为同一类。针对选定的点，首先计算特定点与所有中心点的距离并取得最近中心点；然后将此点归类为此中心点所代表的簇，其他点执行类似运算；一次迭代结束之后，针对每个簇类，重新计算中心点，然后针对各点，重新分析各自最近的中心点；如此循环，直到前后两次迭代的簇类没有变化。根据 Hartigan-Wong 算法，簇类内部的差异性可以定义为式(5-1)：

$$\omega(C_k) = \sum_{x_i \in C_k} (x_i - \mu_k)^2 \tag{5-1}$$

其中，x_i 属于簇类 C_k 的数据点；μ_k 是簇类的平均值，即中心点。我们的目的就是求解所有簇类的点到其中心点的距离的平方和的最小值，参见式(5-2)：

$$\sum_{k=1}^{k} \omega(C_k) = \sum_{k=1}^{k} \sum_{x_i \in C_k} (x_i - \mu_k)^2 \tag{5-2}$$

K 均值算法的基本步骤如下。

（1）指定聚类数量 K（可以通过优化算法获得）。

（2）从数据集中任意随机选取 K 个对象作为初始聚类中心点或者平均值。

（3）将每个数据点分给距离其最近的中心点，计算欧几里得距离。

（4）基于 K 聚类，计算聚类数据点的新平均值，更新其聚类中心点，第 K 个聚类的中心点是一个向量，该向量包含此聚类所有观察点变量的平均值的长度。

（5）迭代计算并最小化总的聚类平方和。重复执行步骤（3）和步骤（4），直到聚类分类结果不再变化或者达到最大迭代次数为止。

图 5-1 是基于 K 均值算法的用户聚类效果图，图中用户分为三类，相同颜色的样本表示同一种类别。

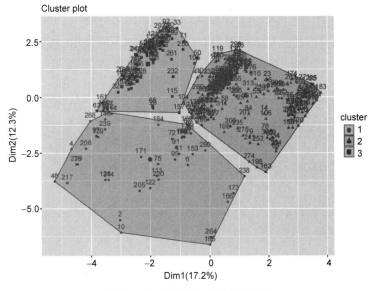

图 5-1 K 均值算法聚类结果示例

5.2 预测分析概述

在经济和社会活动中，很多场合需要进行预测分析，比如金融股票市场走势分析、用户罹患特定疾病的分析、天气预报等，影响预测算法的主要因素包括问题的复杂度、模型复杂度以及数据的质量等。

（1）问题复杂度：如果问题异常复杂，描述问题存在困难，转换成计算机可以理解的问题描述过程中需要简化问题，而简化操作可能导致信息失真。

（2）模型复杂度：复杂的问题，需要对匹配的复杂模型加以描述，对于复杂问题，如果模型过于简单，可能导致边界界定模糊，运算困难。

（3）数据质量：用于预测的数据质量高低，将影响预测结果。

在预测评估中，常用的方法包括线性回归、逻辑回归和非线性回归。线性回归相对简单,因变量和自变量之间属于线性关系,非线性回归则比较复杂,需要根据实际情况具体分析。逻辑回归的基本原理与线性回归基本相同,因变量为二分类变量或事件发生概率,主要用于分类问题,比如罹患疾病风险的评估、经济预测分析和舆情危机预警等场景。

假定因变量 y 代表特定事件,事件发生表述为 1,没有发生表述为 0,则表示该事件发生的概率为 $p(y=1)$,事件未发生的概率为 $1-p(y=1)$,假定二者之间的对数比是自变量 $x=(x_0,x_1,\cdots,x_n)^{\mathrm{T}}$ 的线性函数,如式(5-3)所示:

$$\ln\left(\frac{p}{1-p}\right)=\beta x=\beta_0+\beta_1 x_1+\beta_2 x_2+\cdots+\beta_n x_n \tag{5-3}$$

则 $\dfrac{p}{1-p}=e^{\beta x}\Rightarrow p=\dfrac{e^{\beta x}}{1+e^{\beta x}}$,即事件发生的概率,取值范围为 0~1,也是逻辑回归的数学原理。

衡量预测模型的性能,需要根据不同问题采取不同的方法。

(1) 回归问题,可以使用均方误差(Mean Squared Error,MSE),平均绝对误差(Mean Absolute Error,MAE)和根均方误差即均方误差的算术平方根(Root Mean Square Error,RMSE)等作为性能评价指标。

(2) 分类问题,可以使用误分类率、受试者工作特征曲线(Receiver Operating Characteristic Curve,ROC)和曲线下面积(Area Under The Curve,AUC)作为性能评价指标。

5.3　电影评论情感分析实例

下面基于用户的电影评论,使用 IMDB 数据集,进行情感分析,原始数据总共包括正面和负面评价各 25000 条。

1. 导入库文件

先导入需要使用到的库文件,实例使用到的主要库信息包括 Sklearn 的 CountVectorizer 和 TfidfVectorizer,Nltk,sklearn. linear_model 中的 LogisticRegression 和 SGDClassifier,以及 CountVectorizer 中的 fit_transform()函数和 transform()函数等。

2. 数据读取以及分类

读入电影评论原始数据,分别统计积极评价和消极评价的数量。

```
data = pds. read_csv('data/IMDB Dataset.csv')
data['sentiment']. value_counts()
```

分别输出获得正面、负面情感的数值统计结果,各自包含 25000 条记录。

```
positive    25000
negative    25000
```

划分训练集和测试集数据,关注评论详细信息以及正面评价或者负面评价的标识信息，分别选定数据的最初 45000 条记录为训练集，而剩余的 5000 条为测试集，因此测试数据所占比例为 10％，此处可以适当调整，评估的结果也会相应发生变化。

```
train_evaluate = data.evaluate[:45000]
test_evaluate = data.evaluate[45000:]
train_flag = data.flag[:45000]
test_flag = data.flag[45000:]
```

3. 词袋模型文本向量化

利用词袋模型将文本信息向量化，调用 fit_transform() 和 transform() 函数分别将训练文本和验证文本转换为向量表达。

```
text_to_vector = CountVectorizer(encoding = 'utf - 8', decode_error = 'strict', strip_accents
= None, lowercase = True, min_df = 0, max_df = 1, binary = False, ngram_range = (1,3))
train_evaluate_normalize_vector = text_to_vector.fit_transform(train_evaluate_normalize)
test_evaluate_normalize_vector = text_to_vector.transform(test_evaluate_normalize)

print('词袋模型训练数据维度信息:', train_evaluate_normalize_vector.shape)
print('词袋模型验证数据维度信息:', test_evaluate_normalize_vector.shape)
```

4. 词频-逆文档频率模型文本向量化

利用词频-逆文档频率模型将文本信息向量化，编码方式选择 UTF-8，英文字符转换为小写，调用 fit_transform() 和 transform() 函数分别将训练文本和验证文本转换为向量表达结果。

```
tfidf_vector = TfidfVectorizer(encoding = 'utf - 8', decode_error = 'strict', strip_accents =
None, lowercase = True, min_df = 0, max_df = 1, binary = False, ngram_range = (1,3))
train_evaluate_normalize_tfidf = tfidf_vector.fit_transform(train_evaluate_normalize)
test_evaluate_normalize_tfidf = tfidf_vector.transform(test_evaluate_normalize)
```

5. 逻辑回归模型

使用逻辑回归模型执行回归处理，设置最大迭代次数为 1500 次，设定随机状态以便对数据进行随机化处理，决策函数设定附带截距，CPU Cores 值为 1，设定 multi_class 为 ovr，代表模型根据二分类问题特征进行拟合。

```
logistic = LogisticRegression(C = 1, class_weight = None, dual = False, fit_intercept = True,
intercept_scaling = 1, max_iter = 1500, multi_class = 'ovr', n_jobs = 1, penalty = 'l2', random_
state = 42, solver = 'liblinear', tol = 0.0001, verbose = 0, warm_start = False)
```

6. 拟合分析

基于词袋模型对逻辑回归结果进行拟合分析。

```
logistic_fit = logistic.fit(train_evaluate_normalize_vector,train_transform)
print(logistic_fit)
```

基于词频-逆文档频率模型对逻辑回归结果进行拟合分析。

```
logistic_tfidf = logistic.fit(train_evaluate_normalize_tfidf,train_transform)
print(logistic_tfidf)
```

7. 输出结果

获得评论的统计结果，其分布特征参见图5-2。

```
data['words'] = data['evaluate'].apply(lambda y: len(y.split()))
sns.displot(data = data, x = "words")
```

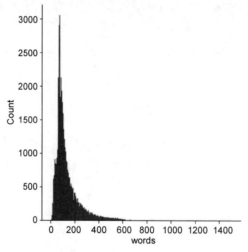

图5-2 用户评论统计结果

对比两种模型的准确性评估异同。

```
bow_accuracy = accuracy_score(test_transform,bow_predict)
tfidf_accuracy = accuracy_score(test_transform,tfidf_predict)
print("词袋模型准确性:",bow_accuracy)
print("词频 - 逆文档频率模型准确性:",tfidf_accuracy)
```

输出两种模型的准确性结果：词袋模型准确性为0.7614，词频-逆文档频率模型准确性为0.761。执行基于词袋模型和词频-逆文档频率模型的分类评估指标对比。

```
bow_report = classification_report(test_sm, bow_pred, digits = 3, labels = None, sample_
weight = None,target_names = ['Positive','Negative'])
tfidf_report = classification_report(test_sm, tfidf_pred, digits = 3, labels = None, sample_
weight = None,target_names = ['Positive','Negative'])
```

```
print('词袋模型:\n',bow_report)
print('词频 - 逆文档频率模型:\n',tfidf_report)
```

从结果分析,两种模型的准确性评估结果为 $0.75\sim0.77$,维持在大致相当的水平,用户的正面评价和负面评价的指标分析结果没有发生很大差异。

```
词袋模型:
              precision   recall   f1 - score   support
   Positive     0.766     0.761     0.763        2530
   Negative     0.757     0.762     0.759        2470

词频 - 逆文档频率模型:
              precision   recall   f1 - score   support
   Positive     0.764     0.763     0.764        2530
   Negative     0.758     0.758     0.758        2470
```

5.4　用户罹患癌症预测实例

1. 实例背景

本节以加州大学维护的 UCI 机器学习存储库罹患乳腺癌病人数据集为基础,进行罹患癌症的预测分析,使用多种预测法,原始数据是 569 名用户的异常组织检测数据,其中包括良性样本 357 例,恶性样本 212 例。诊断指标包含半径、纹理、周长、面积、平滑度、紧凑性、凹度、凹点、对称性和分形维数。每个指标又包括平均值、标准误差和极值三类评价方法,本实例仅从半径、周长和面积平均值维度进行评估。

2. 导入库文件

首先,导入分析使用的库文件,主要使用的库信息包括 sklearn 中的 DecisionTreeClassifier 类文件库包、RandomForestClassifier 类文件库、GradientBoostingClassifier、AdaBoostClassifier、accuracy_score、confusion_matrix、LogisticRegression 以及 KNeighborsClassifier。实例的结果部分涉及中文显示,需要设置参数支持中文文字输出。

```
fontP = font_manager.FontProperties()
fontP.set_family('SimHei')
fontP.set_size(14)
```

3. 数据清洗和样本显示

根据实例研究的对象指标,输出部分样本的指标分布特征,如图 5-3 所示。

剔除其他指标,仅保留研究对象半径、周长和面积平均值指标,各观察指标的数据类型特征,参见图 5-4。

diagnosis	radius_mean	texture_mean	perimeter_mean	area_mean
M	17.99	10.38	122.80	1001.0
M	20.57	17.77	132.90	1326.0
M	19.69	21.25	130.00	1203.0
M	11.42	20.38	77.58	386.1
M	20.29	14.34	135.10	1297.0

图 5-3 部分样本指标分布

```
 #  Column          Non-Null Count  Dtype
---  ------          --------------  -----
 0  diagnosis       569 non-null    object
 1  radius_mean     569 non-null    float64
 2  perimeter_mean  569 non-null    float64
 3  area_mean       569 non-null    float64
```

图 5-4 观察指标数据类型

```
dr.drop(['id','Unnamed: 32','texture_mean','smoothness_mean','compactness_mean','concavity_
mean','concave points_mean','symmetry_mean','fractal_dimension_mean','fractal_dimension_
worst','symmetry_worst','concave points_worst','concavity_worst','compactness_worst',
'smoothness_worst','area_worst','perimeter_worst','texture_worst','radius_worst','fractal_
dimension_se','symmetry_se','concave points_se','concavity_se','compactness_se','smoothness_
se','area_se','perimeter_se','texture_se','radius_se','radius_se'], axis = 1, inplace =
True)
```

4. 相关分析

对病人诊断结果进行分类，恶性肿瘤分类为 1，非恶性或者良性肿瘤分类为 0，具体函数为：

```
diagnosis.replace({"B":0,"M":1},inplace = True)
```

绘制各半径、周长和面积指标之间的相关关系，参见图 5-5。

```
correlation = dr.corr()
plt.figure(figsize = (7,7))
sn.set(font_scale = 1.2)
sn.set(font = 'SimHei')
sn.heatmap(correlation, cmap = 'Purples', xticklabels = ['诊断结果','半径均值','周长均值',
'面积均值'],yticklabels = ['诊断结果','半径均值','周长均值', '面积均值'],annot = True,
annot_kws = {"size": 12}, linewidths = 0, linecolor = 'white', cbar = True, cbar_kws = None,
cbar_ax = None, square = False)
```

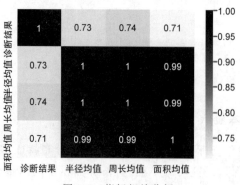

图 5-5 指标相关分析

　　选择相关性不小于68％作为阈值,分析特征值与罹患恶性肿瘤的关系,结果如图5-6所示。

```
correlation = dr.corr()
cancer_threshold = 0.68
filter = np.abs(correlation["diagnosis"]) >= cancer_threshold
correlation.filter = correlation.columns[filter].tolist()
sn.set(font_scale = 2.5)
sn.set(font = 'SimHei')
sn.clustermap(dr[cf].corr(), figsize = (6, 6), annot = True, annot_kws = {"size": 16}, cmap = "Purples").fig.suptitle("罹患肿瘤相关性分析", fontproperties = fontP, x = 0.6, y = 1.0)
```

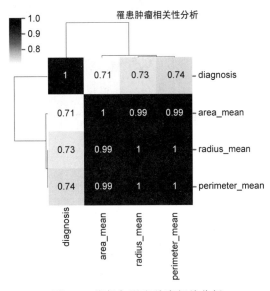

图5-6　指标与罹患肿瘤相关分析

描画三个指标之间的对关系图,参见图5-7。

```
sn.set(font_scale = 1.5)
sn.set_style(style = 'white')
sn.pairplot(dr[correlation.filter], dropna = True, grid_kws = None, diag_kind = "kde", markers = ".", hue = "diagnosis", palette = 'Purples')
```

5. 划分自变量和因变量

将数据划分为自变量和因变量,为后续模型分析准备数据。

```
y = dr["diagnosis"]
x = dr.drop(["diagnosis"], axis = 1)
threshold = -2.5
data_filter = pds.dataframe["score"] < threshold
pds_filter_tolist = pds.dataframe[data_filter].index.tolist()
```

```
x = x.drop(pds_filter_tolist)
y = y.drop(pds_filter_tolist).values
```

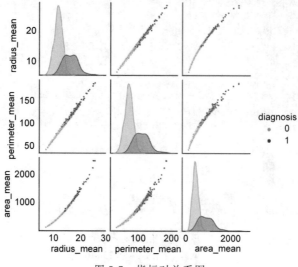

图 5-7 指标对关系图

6. 模型分析

使用不同分类方法，获得分析结果。

```
index = ['梯度法','逻辑回归法','近邻法','支持向量机法','决策树法','随机森林法']
model_list = [GradientBoostingClassifier(),LogisticRegression(), KNeighborsClassifier(n_
neighbors = 4), SVC(kernel = "rbf"), DecisionTreeClassifier(), RandomForestClassifier(n_
estimators = 600)]
model_dict = dict(zip(index,model_list))
```

根据不同模型预测，获得预测结果。

```
pediction_outcome_list = []
for i,j in model_dict.items():
    j.fit(x_train,y_train)
    x_prediction = j.predict(x_test)
    accuracy = accuracy_score(y_test, x_prediction)
    pediction_outcome_list.append(accuracy)
    print(i,"{:.4f}".format(accuracy))
```

输出不同模型的预测结果，随机森林法精度最高，决策树法精度最低。

```
梯度法 0.9027
逻辑回归法 0.9292
近邻法 0.9115
```

支持向量机法 0.9204
决策树法 0.8761
随机森林法 0.9292

不同模型的输出结果图形表示,参见图 5-8。

```
plt.figure(figsize = (10,4))
sn.barplot(x = index , y = pediction_outcome_list, palette = "vlag", ci = 95, edgecolor =
'purple', n_boot = 1000, dodge = False)
plt.rcParams['font.sans - serif'] = ['SimHei']
plt.ylabel("准确度", fontsize = 14)
```

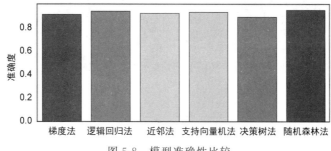

图 5-8　模型准确性比较

7. 梯度模型准确性变化趋势分析

选择梯度模型,分析其在迭代过程中的准确性变化规律。

```
gradient_boost = GradientBoostingClassifier(loss = 'deviance', learning_rate = 0.1)
result_list = []
accuracy = []
for j in range(1,28,1):
    x_train, x_test, y_train, y_test = train_test_split(x, y, test_size = 0.25, random_
state = j)
    gradient_boost_fit = gradient_boost.fit(x_train, y_train)
    fit_predict_x = gradient_boost_fit.predict(x_test)
    accuracy.append(accuracy_score(y_test, fit_predict_x))
    result_list.append(j)

plt.figure(figsize = (10,8))
plt.xlabel("迭代次数", fontsize = 14)
plt.ylabel("准确度", fontsize = 14)

std_accuracy = 0.5 * np.std(accuracy) / np.mean(accuracy)
plt.fill_between(result_list, (accuracy - std_accuracy), (accuracy + std_accuracy), color =
'purple', alpha = 0.1)
plt.plot(result_list, accuracy, color = 'purple')
```

```
for k in range(len(result_list)):
    accuracy[k] = "{:.5f}".format(accuracy[k])
    print(result_list[k],accuracy[k])
plt.show()
```

输出梯度法迭代的准确度信息变化趋势。

```
1 0.84507,2 0.87324,3 0.88028,4 0.85915
5 0.91549,6 0.88028,7 0.86620,8 0.86620
9 0.83803,10 0.90845,11 0.86620,12 0.88732
13 0.88732,14 0.91549,15 0.88028,16 0.85211
17 0.89437,18 0.85915,19 0.85211,20 0.85915
21 0.93662,22 0.91549,23 0.88732,24 0.88028
25 0.88028,26 0.88732,27 0.85211
```

梯度法分析获得的变化数据转换成图形显示,第 21 次迭代时达到极值,图形阴影部分表示置信区间,参见图 5-9。

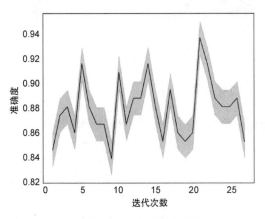

图 5-9   梯度模型准确度变化趋势

小结

本章分析了舆情分析和预测分析的基本概念和主要方法,并列举具体实例说明其在医学诊断和电影评论中的应用。

关键术语

基于机器学习的情感分析、受试者工作特征曲线、曲线下面积、梯度法、逻辑回归法、近邻法、支持向量机法、决策树法、随机森林法

习题

1. 简述舆情分析。
2. 情感分析的应用领域包括哪些？
3. 简述文本情感分析的基本步骤。
4. 简述中性类的作用。
5. 简述判定文本情绪的常用方法。
6. 简述文本情绪分析的四种方法。
7. 基于主观和客观的文本分析方法为什么有时比其他级分类问题更难解决？
8. 描述基于功能和属性的文本情感分析。
9. 现有的文本情感分析大致可以分为哪四类？
10. 简述关键词识别。
11. 简述词汇关联。
12. 简述统计方法。
13. 简述概念算法。
14. 目前主流的情感分析方法有哪两种？
15. 简述基于情感词典的情感分析。
16. 简述基于机器学习的情感分析。
17. 影响预测算法的主要因素包括哪些？
18. 描述如何根据不同问题采取不同的模型评估方法。
19. 根据教材提供的电影评论预测代码，选用其他用户评论素材，获得相应分析结果。
20. 根据教材提供的疾病预测代码，选用其他用户数据和评价指标，获得相应分析结果。

过　渡　篇

第 **6** 章

深度学习与自然语言处理

本章重点

- 循环神经网络模型
- 长短时记忆模型

本章难点

- 基于深度学习的手写字识别

6.1 深度学习

6.1.1 深度学习概述

深度学习算法属于机器学习算法的范畴,深度学习一般具有自主学习能力。目前,深度学习被广泛应用于自然语言处理,主要集中在文本分词、句法分析、智能问答等领域,大幅提升了语言的处理效率。基于深度学习的自然语言处理基本操作步骤包括:第一,将原始信息输入神经网络模型,通过学习算法自主识别输入特征;第二,将特征作为深度神经网络输入;第三,根据不同需求选用合适的学习模型;第四,通过训练得出的模型预测未知场景。

当前,深度学习仍旧处于快速发展阶段,但还有诸多问题尚未得到解决。人类社会对深度学习的了解还处于起步阶段,主要困难包括难以确定系统是否已经是最优化,因此,需要不断尝试深度学习在自然语言处理领域的创新应用,提升深度学习处理能力,促进自然语言处理技术不断完善。

深度学习模型通常具有多层隐层结点,与传统浅层学习模式相比,多层学习模式呈现非线性结构，可以完成更加复杂的计算。深度学习基于特征学习，通过非监督式预训练算法并基于原始样本进行逐层变化，映射到新的特征空间。经过多结点计算，将结果作为下一结点的输入，并逐层依次计算，同时还要兼顾过拟合和欠拟合等问题。深度学习模型可以实现非线性函数状态下的特征组合，根据神经网络的特征表达，然后按照多层级方式进行分类训练，实现不同特征提取的目的。具体而言，深度学习的神经网络模型主要分为四个层级，分别是输入层、嵌入层、隐藏层以及 Softmax 层。输入层是处理的起始点，通过输入层将已知信息和相关参数输入模型，从而形成后续流程继续分析的基础。嵌入层属于信息处理层，位于输入层的下一层。嵌入层一般由子嵌入层组合而成，各个子嵌入层之间能够独立存在，主要作用是获取词信息、词性和依存特征，接着完成稠密特征转换。隐藏层位于嵌入层下一级，对稠密特征进行处理，使其能够变换成可以进行非线性函数转换的模型。Softmax 层是最后一个层级，能够将自然语言非线性处理转换成能够分析的数据，并根据分析的结果对这些特征进行分类和预测，进而实现自然语言处理的目标。

深度学习通过特征来处理问题，因此需要基于采集和识别特征作为应用前提。例如，文本分类时，通过常用词方式集合，然后将集合特征用来指代文本，接着使用不同的分类算法进行文本分类。图像处理则需要将图像特征作为深度学习的特征，特征的选择会影响最终处理结果的准确性。传统方法依赖人工进行特征选取，不仅处理效率低难以提升智能化水平，而且需要大量人力工数，因此，未来的发展方向是摆脱人工方式的特征选择，优化深度学习算法实现无监督特征学习，提升深度学习质量和处理效率。

6.1.2　神经元模型

深度学习涉及神经网络的概念，其中最基本的是神经元模型，可以使用图 6-1 的形式表述，主要由输入变量、权重参数、偏置量和激活函数组成。x_1, x_2, x_3 是第 i 层的变量，作为第 $i+1$ 层的输入变量，b 是偏移变量，$\omega_1, \omega_2, \omega_3$ 是与各 x_k 对应的权重参数，$f(\cdot)$ 是激活函数，y 是最终输出结果。

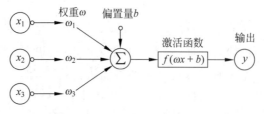

图 6-1　神经元模型

第 i 层所有变量与各自权重乘积，加上一定偏置量后得到第 $i+1$ 层变量 $x^{(i+1)}$，其数学表达式可以用式(6-1)表示：

$$x^{i+1} = \sum_{j=1}^{n} \omega_j^i x_j^i + b \tag{6-1}$$

6.1.3　激活函数

激活函数用于特征表达,常用的激活函数包括线性整流函数(Rectified Linear Unit,ReLU)、Sigmoid 函数和双曲正切函数（Hyperbolic Tangent,Tanh）。ReLU 函数的数学表达式如式(6-2)所示:

$$y = \begin{cases} 0, & x \leqslant 0 \\ x, & x > 0 \end{cases} \qquad (6\text{-}2)$$

ReLU 函数的直观表达如图 6-2 所示。

Sigmoid 函数的数学表达式参见式(6-3):

$$y = \frac{1}{1 + e^{-x}} \qquad (6\text{-}3)$$

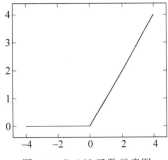

图 6-2　ReLU 函数示意图

Sigmoid 函数的直观图形表达如图 6-3 所示。

双曲正切函数的数学表达式参见式(6-4):

$$y = \frac{1 - e^{-2x}}{1 + e^{-2x}} \qquad (6\text{-}4)$$

双曲正切函数图形表达如图 6-4 所示。

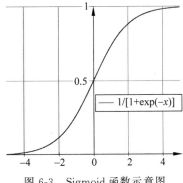

图 6-3　Sigmoid 函数示意图

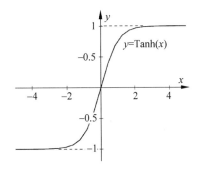

图 6-4　双曲正切函数图像

可见,当自变量变化超过一定阈值时,Sigmoid 函数和双曲正切函数都存在梯度下降趋于饱和的问题,而 ReLU 函数在自变量的正数空间内不存在这个问题,Sigmoid 函数的因变量波动区间为[0,1],双曲正切函数的因变量取值区间则为[−1,1]。

6.1.4　梯度下降法

梯度表示函数在特定点的方向导数沿着该方向的最大值,即函数在特定点沿着该方向变化率最大。假定 n 元函数 $G = f(x_1, x_2, \cdots, x_n)$ 在 n 维空间具有一阶连续偏导数,函数在该空间上的任意点 $P(x_1, x_2, \cdots, x_n)$ 的偏导数或者梯度的数学表达式参见式(6-5):

$$\nabla f = \left\{ \frac{\partial f}{\partial x_1}, \frac{\partial f}{\partial x_2}, \cdots, \frac{\partial f}{\partial x_n} \right\} = \{ f_{x_1}, f_{x_2}, \cdots, f_{x_n} \} \qquad (6\text{-}5)$$

梯度下降法（Gradient Descent）属于一阶最优化算法，使用梯度下降法找到函数的局部极小值，通常针对特定点的对应梯度的反方向的选定步长进行迭代检验，如果向梯度正方向迭代检索，则会接近函数的局部极大值，这个过程则被称为梯度上升法。假定函数 $f(x_1, x_2, \cdots, x_n)$ 在点 $x = (x_1, x_2, \cdots, x_n)$ 处可微，梯度下降法的方向补偿量通常为 $\lambda \cdot \nabla f$，其中，λ 称为学习效率，则更新点的位置信息可以表述为式（6-6）：

$$x' = x - \lambda \cdot \nabla f \tag{6-6}$$

6.2 卷积神经网络

卷积神经网络（Convolutional Neural Network，CNN）是包含卷积运算且具有深度结构的前馈神经网络（Feedforward Neural Networks，FNN）。具有表征学习（Representation Learning）能力，能够按其阶层结构对输入信息进行平移不变分类（Shift-invariant Classification），在计算机视觉和自然语言处理等领域得到了成功的应用。卷积神经网络可以进行监督学习和非监督学习，同时可以克服全连接神经网络（Fully Connected Neural Network）处理图像时参数太多、过拟合等问题。

卷积神经网络一般包含输入层（Input Layer）、卷积层（Convolutional Layer）、池化层（Pooling Layer）、全连接层（Fully-connected Layer）和输出层（Output Layer）。卷积层、池化层和全连接层也称作隐藏层。卷积层中的卷积核包含权重系数，而池化层不包含权重系数。图 6-5 显示了卷积神经网络层级示意图。

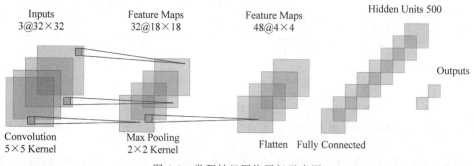

图 6-5　卷积神经网络层级示意图

1. 输入层

卷积神经网络的输入层用于处理输入数据，数据可以是单维或者多维。与其他神经网络算法类似，由于使用梯度下降算法进行学习，卷积神经网络的输入特征需要进行标准化处理。具体而言，在学习数据输入卷积神经网络之前，需要对输入数据进行归一化处理，若输入数据为图形像素，通常将分布于[0,255]的原始像素值归一化处理使其分布至区间[0,1]，特征标准化有利于提升卷积神经网络的学习效率。

2. 卷积层

卷积层对输入数据进行特征提取,其内部包含多个卷积核(Convolutional Kernel),卷积核的每个元素都对应一个权重系数(Weight Coefficient)和一个偏差量(Bias Vector)。

微积分上连续卷积表达式参见式(6-7):

$$(f * g)(t) = f(t) * g(t) = \int_{-\infty}^{\infty} f(\tau)g(t-\tau)\mathrm{d}\tau \tag{6-7}$$

其离散表达式如式(6-8)所示:

$$f(t) * g(t) = \sum_{\tau} f(\tau)g(t-\tau) \tag{6-8}$$

在卷积神经网络中,可以定义输入变量 X 和权重 W 的卷积为式(6-9):

$$(X * W)(i,j) = \sum_s \sum_r x(i-s, j-r)w(s,r) \tag{6-9}$$

权重 W 也称为卷积核,卷积运算的主要目的是提取主要特征,去除噪声信号,选择不同的卷积核进行卷积运算,可以得到不同的特征信息。卷积运算的基本原理可以参考图 6-6,假定输入 $\boldsymbol{X}$ 的维度为 7×7,选择卷积核 $\boldsymbol{W}$ 的维度为 3×3,卷积核 $\boldsymbol{W}$ 在 $\boldsymbol{X}$ 平面上从左向右、从上往下依次移动,每次移动步长为 1,则可以得出重合部分卷积结果的维度应为 5×5,将卷积核 $\boldsymbol{W}$ 各位置的元素值与输入 $\boldsymbol{X}$ 对应位置的元素值相乘后求和,可以得出 $\boldsymbol{X} * \boldsymbol{W}$ 对应位置的元素值,经过卷积处理后可以提取原输入的主要特征并实现降低维度的目的。

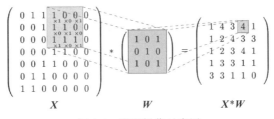

图 6-6　卷积操作示意图

卷积层参数包括卷积核大小、步长和填充,三者共同决定了卷积层输出特征图的尺寸。卷积步长定义了卷积核相邻两次扫过特征图时位置的距离,卷积步长为 1 时,卷积核会逐个扫过特征图的元素,步长为 n 时会在下一次扫描时跳过 $n-1$ 个像素。卷积核大小由选择决定,卷积核越大,可提取的输入特征信息越丰富,但计算量相应增大。卷积计算一般会逐步减少特征信息的大小,为弥补这个影响,可以在进行卷积运算之前人为增大输入信息大小,即填充。常见填充方法包括零值填充和重复边界值填充等。

3. 池化层

在卷积层进行特征提取后,输出的特征图会被传递至池化层进行特征选择和信息过滤。池化层包含预设定的池化函数,其功能是将特征图中单个点的结果替换为其相邻区域的特征图统计量。池化层选取池化区域与卷积核扫描特征图步骤相同,由池化大小、步长和填充控制。池化处理方法包括均值池化（Average Pooling）和极大池化（Maximum Pooling），均值池化以特定区域内的所有点的平均值作为结果，而极大池化则以对象区域内的最大值作为结果，二者均以损失特征图的部分信息为代价。在有些卷积神经网络操作中，池化层操作可能会被省略但不影响整体卷积的处理效果，极大池化操作可以参考图6-7。

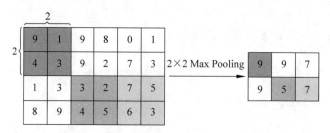

图6-7 极大池化示意图

4. 全连接层

卷积神经网络中的卷积层和池化层对输入数据进行特征提取，全连接层的作用则是对提取的特征进行非线性组合得到输出，通常起到分类的作用，即全连接层本身一般不具有特征提取能力，而是利用现有的高阶特征完成机器学习目标。

卷积神经网络在监督学习中使用BP框架进行学习，但其也发展出了非监督学习范式，包括卷积自编码器（Convolutional AutoEncoders，CAE）、卷积受限玻尔兹曼机（Convolutional Restricted Boltzmann Machines，CRBM）、卷积深度置信网络（Convolutional Deep Belief Networks，CDBN）和深度卷积生成对抗网络（Deep Convolutional Generative Adversarial Networks，DCGAN）。神经网络算法的各类正则化方法都可以用于卷积神经网络以防止过度拟合，常见的正则化方法包括Lp正则化（Lp-norm Regularization）、随机失活（Spatial Dropout）和随机连接失活（Drop Connection）。

卷积神经网络模型是图像识别领域的核心算法之一，但由于受卷积核大小等因素限制，无法很好地学习自然语言数据的长距离依赖和结构化语法特征，在自然语言处理中的应用少于循环神经网络，部分卷积神经网络算法在自然语言主题的处理中取得了成功。在语音处理领域，卷积神经网络模型被证实优于隐马尔可夫模型（Hidden Markov Model，HMM）、高斯混合模型（Gaussian Mixture Model，GMM）和部分其他深度学习算法，也可用于语音合成（Speech Synthesis）和语言建模（Language Modeling）。卷积神经网络与长短记忆模型（Long Short Term Memory Model，LSTM）相结合可以很好地对文本进行自动补全等。

6.3 循环神经网络

6.3.1 循环神经网络概述

循环神经网络（Recurrent Neural Network，RNN）是以序列数据为输入，在序列的演进方向进行递归且所有结点（循环单元）按链式连接的递归神经网络（Recursive Neural

Network)。循环神经网络具有记忆性和参数共享特性,在自然语言处理(Natural Language Processing,NLP),例如语音识别、语言建模以及机器翻译等领域得到了成功应用,同时在时间序列预测方面效果也比较好。循环神经网络与卷积神经网络结合使用,可以处理包含序列输入的计算机视觉问题。

循环神经网络的基本结构包括输入层、隐藏层和输出层,逻辑示意图参见图 6-8。

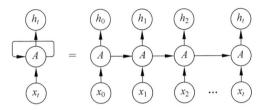

图 6-8　循环神经网络逻辑示意图

循环神经网络的 x_t 是第 t 个批量输入信息,h_t 则是第 t 批量下的隐藏层输出结果,网络记忆各隐藏层的隐藏输出结果 h_t,h_{t-1} 作为 t 批量的输入与输入信息 x_t 加权叠加,因此 h_t 数学表达式如式(6-10)所示:

$$h_t = f(w_t x_t + w_{t-1} h_{t-1} + b_h) \tag{6-10}$$

而输出层的输出结果参见式(6-11):

$$y = \text{Softmax}(w_t h_t + b_y) \tag{6-11}$$

循环神经网络不同序列的输入、隐藏以及输出层相互之间的迁移关系可以参考图 6-9。

模型的参数矩阵是 $\boldsymbol{W}_x$、$\boldsymbol{W}_h$ 和 $\boldsymbol{W}_y$,假定 $\boldsymbol{L}$ 是误差矩阵,为了求解未知参数,一种方式是通过梯度下降法逐步更新参数值,其数学表达式如式(6-12)所示,参数更新迭代一直持续到输出误差值在允许规定范围内或者达到迭代次数则操作即可中止。

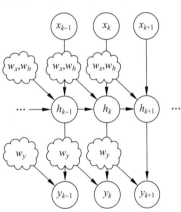

图 6-9　循环神经网络序列迁移图

$$\boldsymbol{W}_x = \boldsymbol{W}_x - \lambda \frac{\partial \boldsymbol{L}}{\partial \boldsymbol{W}_x}$$

$$\boldsymbol{W}_h = \boldsymbol{W}_h - \lambda \frac{\partial \boldsymbol{L}}{\partial \boldsymbol{W}_h} \tag{6-12}$$

$$\boldsymbol{W}_y = \boldsymbol{W}_y - \lambda \frac{\partial \boldsymbol{L}}{\partial \boldsymbol{W}_y}$$

6.3.2　长短时记忆网络

循环神经网络无法捕捉距离较长的文本之间的依赖关系,长短时记忆网络(Long Short Term Memory Network,LSTM)由于可以存储状态信息,因此适合于处理和预测时间序列中间隔和延迟非常长的文本信息。LSTM 是一种含有 LSTM 区块(Blocks)的类神经网络，可以记忆不定时间长度的信息，区块中存在门（Gate）能够决定输入信息是否重要到能被记住及能不能被输出。忘记门的原理类似，如果信息在这里输出结果趋近于零，则此处值将被忽略，不会进到下一层进行进一步处理。长短时记忆网络的基本要素和迁移关系可以参考图 6-10。

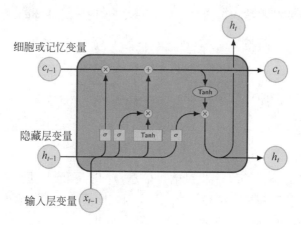

图 6-10　LSTM 基本要素图

图 6-11 表示了循环神经网络的异序列之间的状态迁移基本逻辑。

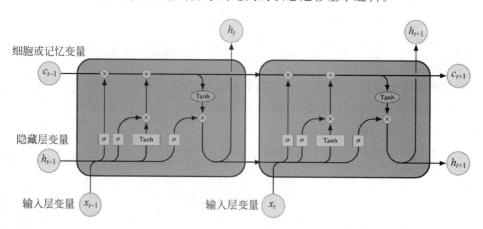

图 6-11　LSTM 状态迁移图

LSTM 网络在以下三个方面与循环神经网络中的常见神经元不同。

（1）它能够决定何时让输入进入神经元。

（2）它能够决定何时记住上一个时间步中计算的内容。

（3）它决定何时让输出传递到下一个时间步。

LSTM 的优越之处在于它能够根据当前的输入本身来决定所有这些。参见图 6-12，当前时间的输入信号 x_t 决定所有上述三点。输入门决定 1，遗忘门决定 2，输出门决定 3。任何一条输入都能够由这三点决定。

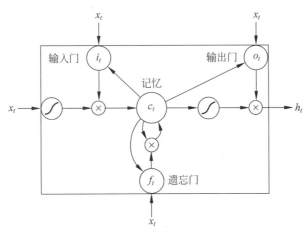

图 6-12 LSTM 门控机制

6.4 深度信念网络

深度信念网络（Deep Belief Network，DBN）是一种生成模型，通过训练神经元间的权重，可以实现让神经网络按照最大概率来生成训练数据。可以使用 DBN 识别特征、分类数据和生成数据。

DBN 由多层神经元构成，神经元分为显性神经元和隐性神经元。前者接收信息输入，后者提取特征。最顶上两层间的连接是无向的，其他层之间有连接上下的有向连接。最底层代表了数据向量（Data Vectors），每一个神经元代表数据向量的一维。DBN 的组成元件是受限玻耳兹曼机（Restricted Boltzmann Machines，RBM）。在每一层中，用数据向量来推断隐层，再把这一隐层当作下一层的数据向量。RBM 是 DBN 的组成元件。RBM 只有两层神经元，一层叫作显层（Visible Layer），由显元（Visible Units）组成，用于输入训练数据，参见图 6-13 的 $v_i(i=0,1,\cdots,n)$。另一层叫作隐层（Hidden Layer），相应地由隐元（Hidden Units）组成，通常用作特征检测，参考图 6-13 的 $h_i(i=0,1,\cdots,n)$。

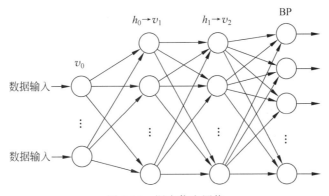

图 6-13 深度信念网络

6.5 深度学习常用算法简介

6.5.1 生成对抗网络

生成对抗网络（Generative Adversarial Network，GAN）属于非监督学习，一般由两个组件组成：一个是生成器（Generator），用于生成虚拟数据；另一个是鉴别器（Discriminator），基于深度学习算法判别真假，也可创建类似于训练数据的新数据实例。生成对抗网络训练处于对抗博弈状态，可以用于生成逼真的图像和卡通人物、创建人脸照片以及渲染三维对象等。

生成对抗网络工作原理概要如下，参见图6-14。

(1) 初始训练期间，生成器产生虚拟数据，并输入鉴别器。

(2) 鉴别器基于学习模型区分生成器的假数据和真实样本数据。

(3) 对抗网络将鉴别结果发送给生成器和鉴别器以更新相应模型。

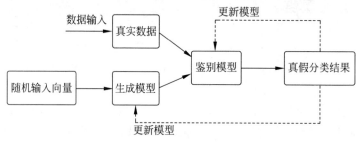

图6-14 生成对抗网络原理图

6.5.2 自编码网络

自编码器（Autoencoder）是神经网络的一种特殊形式，将输入复制到输出，因此也可以称为恒等函数。其核心思想是将输入复制到输出时，神经网络学习输入的特定属性。如图6-15所示，自编码器网络有两层：编码器 $E=f(x)$ 将数据编码到隐藏层，学习输入的特征；解码器 $D=D(E)=D\{f(x)\}$，将数据从隐藏层解码重建输入，自编码器类似于使用梯度下降和反向传播训练的前馈网络，自动编码器的主要用途如下。

(1) 降维：通过将多维数据转换为较小维度数据，降低数据复杂性。

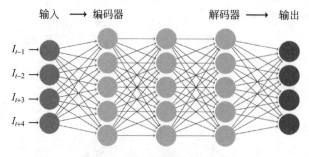

图6-15 自编码网络原理图

（2）特征学习：学习数据的特定或者重要属性。

（3）生成建模：通过自编码器学习数据样本特征来生成新的数据样本。

6.5.3　增强学习

机器学习的算法可以分为三类：监督学习，非监督学习和增强学习（Reinforcement learning，RL）。增强学习也称为强化学习。增强学习重点研究基于环境的行为映射，也就是收益最大化问题。学习者并没有被告知执行何种动作，而是通过不断学习获得最大增益。因此，增强学习关注的是行为的策略问题，在博弈论、仿真优化和统计学等领域得到了广泛的研究。

增强学习和监督学习的区别如下。

（1）增强学习是试错学习（Trial-and-error），由于没有直接的标注信息提供参考，需要不断与环境进行交互，通过试错的方式来获得最优行为策略。

（2）激励延迟（Delayed Return），增强学习缺乏参考信息，激励在时间上通常延迟发生，因此如何优化分配激励成为不能忽略的课题。

增强学习构成要素如下。

（1）策略（Policy），定义为在给定时刻 t 下，从环境状态到动作行为的映射。

（2）激励函数（Reward Function），具体来说，就是从状态到激励的映射，激励函数定义了行为的对错范畴。

（3）价值函数（Value Function），从状态以及决策到期望累积收益的映射，价值函数关注在长期的过程中最大化激励总和。常通过贝尔曼方程（Bellman Equation）求解。

（4）环境模拟（Model Of Environment），给定状态和动作，估计下一个时刻的状态和激励值，此时通常需要对环境模式做出预测。

6.5.4　多层感知机

多层感知机（Multilayer Perceptron，MLP）属于前馈神经网络，具有激活功能。多层感知机由完全连接的输入层和输出层组成。它们具有相同数量的输入层和输出层，但可能有多个隐藏层，隐藏层输出可以通过激活函数进行变换，应用场景包括语音识别、图像识别和机器翻译等。

多层感知机原理如下。

（1）将数据馈送到网络的输入层。

（2）基于输入层和隐藏层之间的权重执行计算。多层感知机使用激活函数确定触发结点的信息。常用的激活函数包括 ReLU、Sigmoid 和 Tanh 函数。

（3）训练模型获得相关性以及变量之间的依赖关系。

6.5.5　自组织映射神经网络

自组织映射神经网络（Self-organizing Map，SOM）可以减少数据处理的维度。不同于基于损失函数反向传递算法的神经网络，自组织映射网络使用竞争学习（Competitive Learning）策略，依靠神经元互相竞争实现优化网络的目标。

自组织映射神经网络工作原理如下。

（1）为所有结点初始化权重，并随机选择一个输入样本。

（2）查找与随机输入样本的最优相似度。

（3）基于最优相似度遴选优胜邻域结点，更新优胜领域结点的权重信息。

（4）迭代计算，直到满足迭代次数或者要求。

6.5.6　径向基函数网络

径向基函数网络（Radial Basis Function Network，RBFN）是一种特殊类型的前馈神经网络，它使用径向基函数作为激活函数，径向基函数是沿径向对称的函数。径向基函数网络由输入层、隐藏层和输出层组成。因其隐藏层数量少，基于局部逼近的运算可以加快训练速度，主要用于分类、回归和时间序列预测。

径向基函数网络工作原理如下。

（1）接收信息输入，此时不执行变换计算。

（2）在隐藏层对数据进行变换，隐藏层结点使用输入与中心向量的距离（如欧氏距离）作为径向基函数的自变量，这与反向传播网络常用输入与权向量的内积作为自变量存在区别。

（3）输出层对隐藏层的输出信息执行加权运算，作为神经网络的结果。

6.5.7　反向传播算法

反向传播算法（Back Propagation，BP）神经网络基于梯度下降法，将 m 维输入欧氏空间映射到 n 维输出欧氏空间，由正向传播过程和反向传播过程组成。在正向传播过程中，输入信息通过输入层经隐含层，逐层处理并传向输出层。如果在输出层期望输出值达

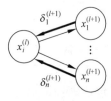

不到预期结果，则将输出与期望误差作为目标补偿函数变量，转入反向传播，逐层更新各权值。反向传播算法的激励传播和权重更新过程反复循环迭代，输出结果和期望值之间的误差没有超过目标阈值时，网络趋于收敛学习结束。

图 6-16　反向传播 BP 算法

从图 6-16 可以看出，信号 x_i 从 l 层传递到 $l+1$ 层（黑色箭头），误差没有达到预期值时，误差 $\delta_i(i=1,2,\cdots,n)$ 传播方向与信号方向相反（绿色箭头）。

6.5.8　连接时序分类

连接时序分类（Connectionist Temporal Classification，CTC）主要用于处理序列标注问题中的输入与输出标签的对齐问题。基于传统方法的自然语言处理，语音转换为数据以后，需明确单帧信息对应的标签才能执行有效的训练，因此在训练数据之前需要执行语音信息对齐的预处理。其缺点是工时量消耗大，在标签对齐信息部分缺失的情况下，正确的预测比较困难；而且预测结果只利用了局部信息。CTC 由于使用端到端训练，并不需要输入和输出对齐，输出整体序列的预测概率，因此可以克服这些问题。CTC 通过引入一个特殊的空白字符（Blank），解决变长映射的问题，其典型应用场景是文本识别。

6.6　深度学习平台简介

6.6.1　谷歌深度学习平台

谷歌深度学习平台 Google Colab,全名为 Google Colaboratory,是谷歌提供的免费的云平台,可以基于 Keras、TensorFlow、PyTorch 等框架进行深度学习研究。目前 Colab 平台具有 GPU 功能,提升了运算效率。Colab 代码以 Jupyter Notebook 文档形式呈现,可以直接运行 *.ipynb 格式的文件,代码可以存储在 Google Drive 下,也支持从 Github 源代码共享平台上导入执行。

Colab 环境导入数据支持以下三种办法。

(1) 直接上传文件。

(2) 通过 Google Drive 挂载导入。

(3) 通过 Github 链接导入。

第一种方法分配的云服务器空间是暂时的,网络断开连接后存储空间会被清空释放,数据文件和执行结果不会保留。第二种方法将数据文件上传到 Google Drive 中,可以通过加载 Google Drive 读取数据,执行结果和信息不会丢失。

6.6.2　百度深度学习平台

百度深度学习平台飞桨(PaddlePaddle)以百度深度学习技术为基础,是开源开放的深度学习平台,集成深度学习训练和推理框架、模型库、开发套件和工具组件。详细信息可以参考 https://www.paddlepaddle.org.cn/。

百度深度学习平台具备如下特点。

(1) 产业级深度学习框架,支持网络结构自动设计。

(2) 超大规模深度学习模型训练和实时更新性能。

(3) 多部署推理引擎,兼容其他开源框架训练模型,支持不同架构部署。

6.6.3　阿里云深度学习平台

阿里云机器学习平台(Platform of Artificial Intelligence,PAI)面向企业及开发者,提供轻量化、高性价比的云原生机器学习平台,涵盖 PAI-Studio 可视化建模平台、PAI-DSW 云原生交互式建模平台、PAI-DLC 云原生 AI 基础平台、PAI-EAS 云原生弹性推理服务平台,详细信息参考网址 https://cn.aliyun.com/product/bigdata/learn。

其主要特点可以概括为:

(1) 支持高维稀疏矩阵处理,支持批学习、在线学习等模式。

(2) 支持 CPU/GPU 的混合调度以及分布式语义训练。

(3) 支持结构化压缩训练。

6.6.4　腾讯云深度学习平台

腾讯深度学习平台(DLP)是腾讯推出的专门用于开发深度学习应用的软件平台。

DLP 提供深度学习开发流程中的主要模块：数据处理、网络设计、模型训练和模型部署，详细信息可以参考 https://ai-dlp.com/index_cn.html。

DLP 深度学习平台核心功能可以归纳如下。

（1）数据处理模块。

（2）神经网络模块。

（3）训练可视化。

（4）模型部署。

6.7　基于深度学习的手写字体识别实例

6.7.1　案例说明

本节介绍基于 IAM 数据集的英文手写字体自动识别应用。IAM 数据库主要包含手写的英文文本，可用于训练和测试手写文本识别以及执行作者识别和验证，该数据库在 ICDAR 1999 首次发布，并据此开发了基于隐马尔可夫模型的手写句子识别系统，并于 ICPR 2000 发布。IAM 包含不受约束的手写文本，以 300dpi 的分辨率扫描并保存为具有 256 级灰度的 PNG 图像。IAM 手写数据库目前最新的版本为 3.0，其主要结构如下。

* 约 700 位作家贡献笔迹样本。
* 超过 1500 页扫描文本。
* 约 6000 个独立标记的句子。
* 超过 1 万行独立标记的文本。
* 超过 10 万个独立标记的词。

6.7.2　案例素材准备

在正式运行分析之前，可以从互联网下载案例的文本素材，比如网址 https://fki. tic.heia-fr.ch/databases/iam-handwriting-database 提供了 IAM 数据集下载的详细信息。数据集的文本文件对笔迹图形内容以及分词结果进行了总结，其格式如图 6-17 所示。

```
g06-042o-03-00 err 189 329 1307 113 52 IN as
g06-042o-03-01 err 189 512 1287 211 72 CD 1830
g06-042o-03-02 err 189 727 1340 15 39 , ,
g06-042o-03-03 err 189 780 1272 247 85 WRB when
g06-042o-03-04 err 189 1088 1283 830 146 NP Anglesey
g06-042o-03-05 err 189 1938 1283 146 83 VBD believed
g06-042o-03-06 err 189 2116 1345 38 10 PPL- him-
g06-042o-04-00 ok 189 313 1448 196 133 -PPL self
g06-042o-04-01 ok 189 577 1459 123 82 TO to
g06-042o-04-02 ok 189 737 1464 130 79 BE be
g06-042o-04-03 ok 189 921 1509 111 42 IN on
```

图 6-17　IAM 数据集样例

与上述文本显示对应的部分手写笔迹原始图形文件如图 6-18 所示。

以文本文件行 g06-042o-04-00 ok 189 313 1448 196 133 -PPL self 为例，各个不同含义表述之间使用空格区分标识，g06-042o-04-00 可以理解为单词的 id 信息，ok 表示结果正确，如果是 err 则表示结果错误。189 是单词图形的灰度级别，313 1448 196 133 代表

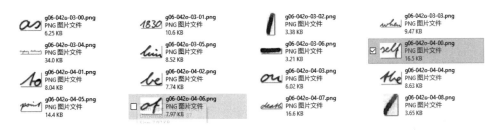

图 6-18 IAM 数据集笔迹原始图

单词的 x、y、w、h 信息,-PPL 是语法标签,self 是单词图形代表的实际单词文本。本实例通过卷积神经网络训练数据得出模型,并预测测试数据的英文字体内容,最后与真实文本进行比较。

6.7.3 案例实现步骤

1. 导入库文件

包括 TensorFlow 库在内,首先导入处理需要的库和模块文件,因为本案例结果输出部分有中文提示,因此同时需要设置输出结果支持中文内容。

```
import matplotlib.pyplot as plt
import tensorflow as tf
import numpy as np
from tensorflow import keras
plt.rcParams['font.family'] = ['Microsoft YaHei']
```

2. 数据清洗

接着执行数据清洗,删除文件中备注说明以及错误结果,统计正确笔迹图形的数量,最后将整理后的数据进行随机无序化处理。

```
corpus_read = open("data/words.txt", "r").readlines()
corpus = []
length_corpus = 0
for word in corpus_read:
    if (word[0] == "#"):
        continue
    if (word.split(" ")[1] == "ok"):
        corpus.append(word)
np.random.shuffle(corpus)
```

3. 随机显示部分样本

执行上述代码获得样本总数为 96456,随机获取部分样本 corpus[400:405]的结果,确认数据清洗结果,如图 6-19 所示。

```
['c03-094b-06-02 ok 153 787 1854 189 99 IN from\n',
 'g06-045h-06-06 ok 182 1611 1858 108 57 ATI the\n',
 'l07-190-04-05 ok 182 1267 1246 172 42 VBN seen\n',
 'a06-036-00-03 ok 156 1047 662 198 106 NNS craft\n',
 'd06-030-01-09 ok 187 1774 916 136 88 NN sleep\n']
```

图 6-19 IAM 数据集随机样本

4. 样本分类

接下来对数据进行分类，按照 80%∶10%∶10% 的比例将样本数据集分为三类数据集，分别是训练数据集、验证数据集和测试数据集。针对训练数据集进行训练可以获得模型，而测试数据集主要用于测试模型的有效性。

```
train_flag = int(0.8 * len(corpus))
test_flag = int(0.9 * len(corpus))
train_data = corpus[:train_flag]
validation_data = corpus[train_flag:test_flag]
test_data = corpus[test_flag:]
train_data_len = len(train_data)
validation_data_len = len(validation_data)
test_data_len = len(test_data)
print("训练样本大小:", train_data_len)
print("验证样本大小:", validation_data)
print("测试样本大小:",test_data )
```

基于上述代码获得三种不同数据集的大小结果如下。

```
训练样本大小: 77164
验证样本大小: 9646
测试样本大小: 9646
```

输出各类数据随机选取的部分图像的标签信息，其中列表中每个元素的最后部分是图形所代表的真实文本信息，如图 6-20 所示。

```
print(train_tag[50:54])
print(validation_tag[10:14])
print(test_tag[80:84])
```

```
['m03-062-08-04 ok 182 1613 2146 78 67 PP3 it', 'k02-076-07-06 ok 189 12
82 1959 340 85 NN return', 'a04-047-01-02 ok 172 707 1039 120 59 CC an
d', 'g01-008-01-07 ok 146 1471 1106 238 53 NP Guesclin']
['a01-020x-08-01 ok 152 464 2332 205 93 NPTS Chiefs', 'd06-015-02-02 ok
187 969 1078 59 87 IN to', 'a04-006-08-00 ok 165 220 2085 232 132 NP Bun
dy', 'c04-089-00-11 ok 167 1951 827 122 46 AP own']
['m01-115-00-07 ok 171 1643 725 218 88 VB think', 'd07-100-03-08 ok 174
1595 1266 113 78 ABN all', 'm04-209-00-04 ok 164 983 739 20 68 ! !', 'c0
6-031-04-01 ok 182 511 1427 108 82 CD two']
```

图 6-20 三种数据集真实文本信息

5. 提取各数据集的真实文本信息

接着对各类数据集的标签部分进行手写指代文本信息的提取，提取结果存放到 extract_tag 列表中。

```python
def extract_tag_info(tags):
    extract_tag = []
    for tag in tags:
        tag = tag.split(" ")[-1].strip()
        extract_tag.append(tag)
    return extract_tag
```

基于不同数据集分别进行真实文本信息提取，并随机输出归纳后的部分手写文本信息的内容，如图 6-21 所示。

```python
train_tag_tune = extract_tag_info(train_tag)
validation_tag_tune = extract_tag_info(validation_tag)
test_tag_tune = extract_tag_info(test_tag)
print(train_tag_tune[50:54])
print(validation_tag_tune[10:14])
print(test_tag_tune[80:84])
```

```
['it', 'return', 'and', 'Guesclin']
['Chiefs', 'to', 'Bundy', 'own']
['think', 'all', '!', 'two']
```

图 6-21 三种数据集手写文本信息

6. 实现字符和数字映射

利用 TensorFlow 库 Keras 包的 StringLookup() 函数实现从字符到数字的映射，参数中 invert＝True 时则实现反向从数字到字符的映射，函数定义如下。

```python
StringLookup(max_tokens, num_oov_indices, mask_token, oov_token, vocabulary, encoding,
invert, output_mode)
```

主要参数说明如下。
- max_tokens：单词大小的最大值。
- num_oov_indices：out-of-vocabulary 的大小。
- mask_token：表示屏蔽输入的标记。
- oov_token：仅当 invert 为 True 时使用，OOV 索引的返回值，默认为 UNK。
- vocabulary：字符串数组或文本文件的字符串路径。
- invert：如果为 True，索引数值映射到词汇，而不是词汇映射到数值索引。
- output_mode：值可以是 int、one_hot、multi_hot、count 或 tf_idf。值为 int 时返回输入标记的原始数值索引。

读取部分手写样本的真实文本信息，显示于图 6-22。

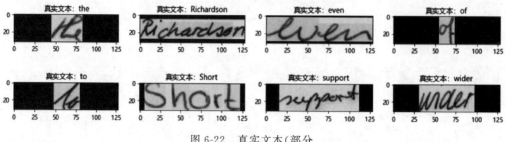

图 6-22　真实文本(部分)

7. 实现卷积变换

通过 tensorflow. keras. layers 库中的 Conv2D()函数实现二维卷积变换，函数定义为：

```
Conv2D(filters, kernel_size, strides, padding,kernel_initializer, activation)
```

主要参数说明如下。

- filters：整数值，代表输出空间的维度。
- kernel_size：一个整数或元组列表，指定卷积窗口的高度和宽度。
- strides：一个整数或元组列表，指定卷积沿高度和宽度的步幅。
- padding：输出图像的填充方式，其值可以为 valid 或 same 之一。valid 意味着没有填充，same 则在输入的左右或上下均匀填充零，使输出具有与输入相同的高度和宽度。
- kernel_initializer：卷积核权重矩阵的初始值。
- activation：激活函数。

8. 训练模型

卷积变换后进行均值池化处理，选择池化层大小为(2,2)，均值池化函数为 AveragePooling2D((2,2),name="AveragePooling")。

设定模型训练次数为 60，得到训练结果，对训练过程进行预警监控，模型准确性预测超过 10 次没有得到改善时，退出训练。

```
epochs = 60
early_patience = 10
model = generate_model()
prediction_model = keras.models.Model(
    model.get_layer(name = "image").input, model.get_layer(name = "").output)
early_stopping = keras.callbacks.EarlyStopping(
    monitor = "val_loss",patience = early_patience, restore_best_weights = True)
model.fit(train_final,validation_data = validation_final,
epochs = 60,callbacks = [early_stopping])
```

从图 6-23 可以看出,第一轮到第九轮的训练结果,损失值从 18.29 逐渐下降到 12.09,模型训练没有发生超出预警训练次数而精度没有改善的状况。

```
Epoch 1/60
354/354 [==============================] - 703s 2s/step - loss: 18.2900 - val_loss: 15.7224
Epoch 2/60
354/354 [==============================] - 195s 549ms/step - loss: 14.6729 - val_loss: 14.8442
Epoch 3/60
354/354 [==============================] - 163s 459ms/step - loss: 14.2316 - val_loss: 14.6588
Epoch 4/60
354/354 [==============================] - 166s 468ms/step - loss: 13.8261 - val_loss: 13.8475
Epoch 5/60
354/354 [==============================] - 161s 455ms/step - loss: 13.4205 - val_loss: 13.9520
Epoch 6/60
354/354 [==============================] - 162s 459ms/step - loss: 13.1207 - val_loss: 13.1070
Epoch 7/60
354/354 [==============================] - 160s 453ms/step - loss: 12.7719 - val_loss: 12.6560
Epoch 8/60
354/354 [==============================] - 160s 453ms/step - loss: 12.4484 - val_loss: 12.5408
Epoch 9/60
354/354 [==============================] - 161s 454ms/step - loss: 12.0913 - val_loss: 11.8231
```

图 6-23　训练初期损失值变化

训练接近 60 轮结束时的损失值结果显示于图 6-24,损失值进一步降低,第 60 轮训练后接近 5.07,准确率接近 95%。

```
354/354 [==============================] - 159s 448ms/step - loss: 5.5292 - val_loss: 4.6034
Epoch 52/60
354/354 [==============================] - 159s 450ms/step - loss: 5.4522 - val_loss: 4.5437
Epoch 53/60
354/354 [==============================] - 161s 455ms/step - loss: 5.4043 - val_loss: 4.5553
Epoch 54/60
354/354 [==============================] - 167s 470ms/step - loss: 5.3448 - val_loss: 4.4281
Epoch 55/60
354/354 [==============================] - 171s 482ms/step - loss: 5.3271 - val_loss: 4.4372
Epoch 56/60
354/354 [==============================] - 167s 471ms/step - loss: 5.2691 - val_loss: 4.3662
Epoch 57/60
354/354 [==============================] - 169s 478ms/step - loss: 5.2057 - val_loss: 4.3512
Epoch 58/60
354/354 [==============================] - 178s 504ms/step - loss: 5.1638 - val_loss: 4.2297
Epoch 59/60
354/354 [==============================] - 179s 505ms/step - loss: 5.1183 - val_loss: 4.3399
Epoch 60/60
354/354 [==============================] - 172s 486ms/step - loss: 5.0714 - val_loss: 4.1781
```

图 6-24　训练末期损失值变化

6.7.4　案例实现效果

训练结束后,得到训练模型,导入测试手写文本数据,进行手写笔迹预测,得到部分运行输出结果,参见图 6-25。

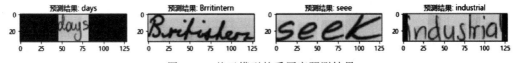

图 6-25　基于模型的手写字预测结果

6.7.5　案例总结

从预测结果观察可知,基于均值池化以及训练过程预警机制,大部分的英文字符能够得到准确的预测判定，训练的精度持续得到改善，损失值控制在比较合理的区间内，没有发生预测准确度连续多次无法改进的场景，模型稳定性较好。

小结

本章介绍了深度学习基本概念、深度学习算法和常用深度学习平台，并列举其在手写字体识别中的实际应用。

关键术语

深度学习、梯度下降、循环神经网络、卷积神经网络、长短时记忆网络、CTC错误算法

习题

1. 基于深度学习的自然语言处理基本操作步骤包括哪些？
2. 人类社会对深度学习的了解主要困难是什么？
3. 深度学习的神经网络模型主要分为哪四层？简要描述各层内容。
4. 神经元模型的主要组成部分包括哪些元素？
5. 主流激活函数包括哪些？
6. 简要描述 Sigmoid 函数和双曲正切函数都存在的共性问题。
7. 简要描述梯度下降法。
8. 简要描述卷积神经网络。
9. 简要描述循环神经网络。
10. 描述长短时记忆网络。
11. 长短时记忆网络与循环神经网络中的常见神经元存在哪些不同？
12. 简要描述深度信念网络。
13. 简要描述受限玻耳兹曼机。
14. 简要描述生成对抗网络。
15. 简要描述自编码网络。
16. 简要描述增强学习。
17. 简要描述多层感知机。
18. 简要描述自组织映射网络。
19. 简要描述径向基函数网络。
20. 简要描述反向传播算法。
21. 列举常用的几种深度学习平台。
22. 根据教材提供的实例，替换数据素材，识别不同的手写文本信息。

综合应用篇

第 **7** 章

商务智能客服

本章重点
- 商务智能
- 客服框架

本章难点
- 商务智能应用

7.1 自然语言处理与商务智能

随着信息技术的发展,人工智能在各行各业的应用变得日益广泛。在商务客户服务领域,越来越多的智能应用得到商业应用,这不仅节省了成本开支,也提升了商务服务的效率。

自然语言处理相关技术是智能客服应用的基础,在自然语言处理过程中,首先需要进行分词处理,这个过程通常基于统计学理论,分词的精细化可以提升智能客服的语言处理能力。自然语言处理的分词功能得到了比较成功的应用,随着技术的发展更迭,设计上不断优化创新,智能客服的处理效率也会不断提升。统计分词和马尔可夫模型是常用的方法,但在非常用词汇的识别精度方面稍显逊色,而精度高低直接影响分词结果的准确性。多样化分词有助于发现形式上的不合理性。

自然语言处理是智能客服中重要的环节,也是决定智能客服应用质量好坏和问题处理效率高低的关键因素。创建智能客服,通常系统先进行大量学习来充实语言知识库,并结合各种典型案例提升系统的处理能力。智能客服系统重点关注三部分:第一是知识库完善;第二是服务满意度;第三是处理未知场景的自我学习能力。知识库借助范例和知识素材,成为问题应答的基本参照,客服系统需要考虑应答的效率性和准确性,整体设计的合理性可以帮助解决顾客各种问题诉求,发挥智能客服的作用。

随着现代信息技术的飞速发展,智能客服可以搭建部署到各种智能客服平台,各种信息化智能技术可以提供支持,用户可以结合自身的业务实际情况灵活选用,并且结合平台的特点进行调整。智能客服完成部署后,需要进行相应的测试和调试,搜集客户的反馈信息,并针对问题及时改进,这样才能逐步克服存在的潜在问题,使服务质量不断得到提升。

智能客服通过自然语言处理技术,结合语料库,提供智能处理能力,包括分词处理、实体识别、句法分析、文本纠错、情感分析、文本分类、词向量处理、关键词提取、自动摘要、智能闲聊、知识图谱查询以及相似度分析等,从用户问题到答复输出涉及的流程基本框架,如图7-1所示。

与传统人工客服相比,智能客服应用一般具有如下优势。

（1）可提供 $7 \times 24h$ 无间断服务。

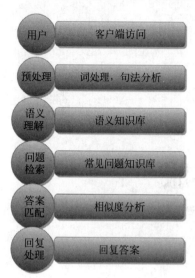

图 7-1　智能客服基本模块框架

（2）具备持续自主学习能力。

（3）处理速度快,处理效率高,可以应对短时大容量服务请求。

（4）成本优势。

7.2　商务智能应用开发常用库简介

7.2.1　Gensim

Gensim 是第三方开源 Python 工具包,从非结构化文本中,通过无监督学习获得文本向量表达。它支持包括词频-逆文档频率模型以及单词-向量在内的多种主题模型算法。

7.2.2　NLTK

NLTK(Natural Language Toolkit)支持词语搜索、关键词识别、词语分布、生成文本、词语分类和语义推理等功能,它还可以与第三方工具,比如结巴分词等一起使用以增强中文处理性能,其他支持的语料包括古腾堡语料库（Gutenberg）、聊天语料库（Webtext）、布朗语料库（Brown）、路透社语料库（Reuters）和演说语料库（Inaugural）等。

7.2.3　SpaCy

SpaCy 支持语音标记、命名实体识别、标记化、分词、基于规则匹配、单词向量等多种功能。

7.2.4 TensorFlow

TensorFlow 是一个基于数据流编程(Dataflow Programming)的系统,被广泛应用于图形分类、音频处理、推荐系统和自然语言处理等场景的实现,提供基于 Python 语言的四种版本:CPU 版本(TensorFlow)、GPU 加速版本(TensorFlow-gpu)以及编译版本(Tf-nightly、Tf-nightly-gpu)。安装 GPU 版本时系统需要预先安装 NVIDIA GPU 驱动、CUDA Toolkit 和 CUPTI(CUDA Profiling Tools Interface)以及 cuDNN SDK 等应用,GPU 版本运行效率一般比 CPU 版本要高。

7.2.5 PyTorch

PyTorch 是一个开源的 Python 机器学习库,基于 Torch 概念,在自然语言处理中应用比较广泛,提供基于 GPU 加速的计算和自动求导系统的深度神经网络等功能。

7.2.6 Theano

Theano 是一个应用比较广泛的 Python 库,专门用于定义、优化、求值数学表达式,适用于多维数组运算。

7.2.7 Keras

Keras 是基于 Python 的高级神经网络 API,支持 TensorFlow 以及 Theano 等作为后端运行。Keras 支持模块化设计、卷积神经网络和循环神经网络,同时也支持 CPU 和 GPU 运算。

7.3 充实商务智能客服的情感

智能客服系统既依赖专业性数据,也与自然语言理解等人工智能技术紧密相关。在解决用户业务诉求的过程中,难免遇到用户咨询以及无法解决的问题等状况,因此提升其情感分析能力,具备多维度服务能力,对提高客户整体满意度具有十分重要的积极意义。智能客服、人工客服和用户之间的关系可以简要概括为图 7-2,其中,情感分析发挥着桥梁纽带的作用。

用户情感检测是提升智能客服应用情感处理能力的关键。情感分析包括词语义特征、多元词组语义特征和句子级语义特征等模型。要充实智能客服的情感,则需要在分析中加入主动学习或者监督学习模型,提升智能客服的情感识别能力。数据预处理模块通过对客服问答语料库进行分词训练获得句子的特征,并根据句子中不同的词性标注赋予相应的权重。主客观分类模块的主要功能是根据特征进行主客观的训练和分类,比如通过多个二分类的支持向量机对主观情感进行多标签

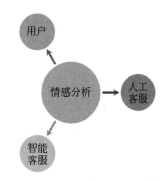

图 7-2 智能客服、人工客服和用户的关系

分类。学习模块通过主动学习采样规则，比如从未标注库中抽取不确定性数据进行标注，将标注中非情感信息单独提取，可以获得更好的多标签分类效果，从而实现更好地分析用户情感的目的。其流程概要可以参考图7-3。

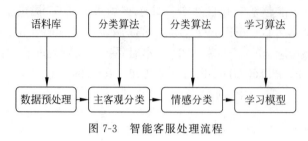

图 7-3　智能客服处理流程

7.4　商务智能未来发展趋势

智能客服虽然目前得到一定的应用，但服务水平仍然有待提高，主要的问题包括自然语言处理技术瓶颈和知识库不完善。智能客服未来要得到更好的发展，需要同时解决这两个关键问题。伴随人工智能技术的进步以及专家知识库的不断完善，智能客服的普及率将逐步提高。从商务场景的覆盖面来看，随着需求的不断挖掘，智能客服将在对应行业的产品和服务上呈现精细化发展趋势。例如，在医疗领域，将不仅局限于医疗辅助，其他领域如综合诊疗、康复保健、日常监测、育儿养老等也将实现横向拓展，成为新的经济增长点。多维数据、智能营销将成为企业业务增值的新手段。而建立智能化营销需要对数据进行深入分析、应用以及诊断。具备大数据收集、存储、分析、运用等处理能力的智能客服系统可为企业节省人力成本和数据分析时间，同时在数据运用、营销战略制定方面也提供了重要依据。目前，机器人客服多以自然语言处理与搜索技术为主，基于关键词匹配对话，而深度学习算法的突破，为智能客服带来了技术上的革新机遇。基于深度学习的知识推理模型，可以跳出匹配式对话的限制，模仿人类大脑神经元之间的传递，进行更为精准的信息处理。

7.5　商务智能实战：聊天客服

7.5.1　案例说明

我们将使用深度学习技术构建一个商务型智能客服机器人，在包含聊天意图类别、用户输入和客服响应的数据集上进行训练。基于用户的输入消息所属类别，然后从响应列表中根据算法提供响应输出。该实例在执行环境 Python(3.6.5)中运行成功，其他需要提前导入的库包括 NLTK、Keras 以及 JSON 等。

本实例中的语料原始数据为格式 *.json，原始数据预定义消息分类、输入消息和客服响应。模型训练的中间结果诸如词汇列表对象以及消息类别列表保存格式为 *.pkl，而训练结果获得的模型存储为 *.h5 格式，模型文件包含神经元权重等相关信息。

本实例语料数据基于 JSON(JavaScript Object Notation),JSON 是一种轻量级的数据交换格式,完全独立于语言,机器容易解析和生成。JSON 建立在以下两种结构上。

(1)名称:值(Name:Value)的集合。在信息处理中称为对象、记录、结构、字典、哈希表、键控列表或关联数组。

(2)值的有序列表。通常的实现方式为数组、向量、列表或序列,属于通用数据结构,可与通用编程语言互换。

在 JSON 中,对象以左大括号开始,以右大括号结束。每个名称后跟冒号,名称和值之间以逗号分隔。JSON 数组是值的有序集合,数组以左中括号开始,以右中括号结束,值之间以逗号分隔。值可以是双引号内的字符串、数字、真假或空值、对象或数组,这些结构可以嵌套。

下面是 JSON 数据的样式,输入为空代表用户没有提供相关信息。

```json
{"chatbot": [
        {"category": "confirm",
         "input": [],
         "output": ["Sorry, I can not understand your question.", "Please provide more
information.", "I beg your pardon."],
         "comment": [""]
        }
        ]
}
```

对相同语义词根的不同拼写形式统一回复,需要使用词形归并工具,它会减少语言模型的维度。利用词形归并工具,可以让模型更一般化,本实例利用 NLTK 库中的 WordNetLemmatizer 类实现词形归并,下面列举了词形归并样例的显示结果。

```
>>> from nltk.stem import WordNetLemmatizer
>>> wordlem = WordNetLemmatizer()
>>> print(wordlem.lemmatize('stations'))
station
>>> print(wordlem.lemmatize('policies'))
policy
>>> print(wordlem.lemmatize('Chatbots'))
Chatbots
>>> print(wordlem.lemmatize('chatbots'))
chatbots
>>> print(wordlem.lemmatize('chatbot'))
chatbot
>>>
```

7.5.2 案例实现步骤

(1)首先加载原始数据、分词、创建模型、训练模型和保存中间结果,原始语料的数据格式参见图 7-4。其中,第一种情况的意图范畴定义为确认(Confirm),此时输入信息为空,对应于用户没有提出任何咨询问题的场景。

```python
df = open('data/chatbot.json').read()
chatbot = json.loads(df)
print("语料信息: \n",chatbot)
```

图 7-4　智能客服原始语料信息

（2）确认输入语料的分词结果与提问意图的匹配关系,提问意图在原始语料中需要事先定义,参见图 7-5。

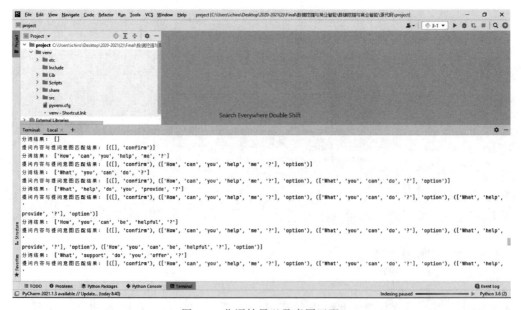

图 7-5　分词结果以及意图匹配

（3）根据原始语料设计内容，获得用户提问内容的分词整体结果和提问意图的归纳结果。在本实例中，意图总共分为确认（Confirm）、可选项（Option）、查询（Query）、替换（Change）、问候（Greeting）、再见（Goodbye）与感谢（Thank）这几种类型，参见图 7-6。读者可以根据实际需要设计相应的意图和语料信息。

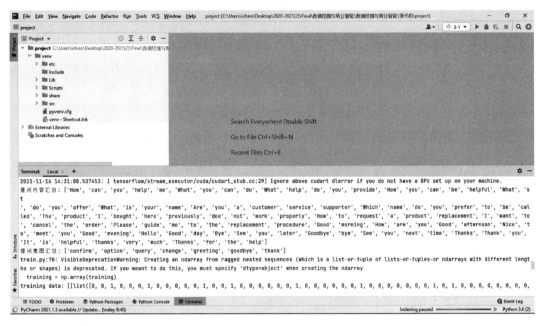

图 7-6　语料处理汇总

（4）创建数据输入/输出模型，包括三层模型，各层模型定义训练参数。模型第一层包含 256 个神经元。通过 Sequential（）添加模型层，Sequential（）比较适用于只有一个输入张量和一个输出张量的场景。通过 Input（）指定输入的维度信息，通过 Dense（）调整神经网络连接。Dense（）的第一个参数是输出结果的维度值，activation 是作为激活参数传递的逐元素激活函数，使用 Sigmoid 激活函数，kernel 参数代表层创建的权重矩阵，而 kernel_initializer 参数则是权重矩阵初始化方式，此处采用 glorot 均匀分布方式初始化权重矩阵，bias 是创建的偏置向量属性，偏置量初始化为零。

```
model = Sequential()
model.add(Input(shape = (len(data_x[0]),))))
model.add(Dense(256, activation = 'sigmoid',use_bias = False,
    kernel_initializer = 'glorot_uniform',
    bias_initializer = 'zeros', kernel_regularizer = None,
    bias_regularizer = None, activity_regularizer = None, kernel_constraint = None,
    bias_constraint = None))
```

（5）模型第二层包含 128 个神经元，使用 Sigmoid 激活函数，使用 glorot 均匀分布方式初始化权重矩阵，偏置量初始化为零。通过 Dropout（）丢弃部分样本，防止模型发生过拟合的情况。

```
model.add(Dense(128, activation = 'sigmoid',use_bias = False,
    kernel_initializer = 'glorot_uniform',
    bias_initializer = 'zeros', kernel_regularizer = None,
    bias_regularizer = None, activity_regularizer = None, kernel_constraint = None,
    bias_constraint = None))
model.add(Dropout(0.3))
```

（6）创建输出结果，输出结果维度与因变量维度信息一致，使用 Softmax 作为激活函数，使用 glorot 均匀分布方式初始化权重矩阵，偏置量初始化为零。

```
model.add(Dense(len(data_y[0]), activation = 'softmax',use_bias = False,
    kernel_initializer = 'glorot_uniform',
    bias_initializer = 'zeros', kernel_regularizer = None,
    bias_regularizer = None, activity_regularizer = None, kernel_constraint = None,
    bias_constraint = None))
```

（7）定义模型优化方法和误差评估方法，采用 Adam()方法优化，本实例误差计算基于交叉熵法，误差评估同时观测绝对平均误差和准确度两个指标，通过 compile()评估函数对模型进行观测指标的评估。

```
optimizer = Adam()
model.compile(loss = 'categorical_crossentropy', optimizer = optimizer, metrics = ['mae',
'accuracy'])
```

（8）根据数据训练模型，训练轮数设定为 500 轮，批大小设定为 64，数据进行随机化处理。

```
model_fit = model.fit(np.array(data_x), np.array(data_y), epochs = 500, batch_size = 64,
verbose = 1,callbacks = None, validation_split = 0.0, validation_data = None, shuffle = True,
class_weight = None, sample_weight = None, initial_epoch = 0, steps_per_epoch = None,
validation_steps = None, validation_batch_size = None, validation_freq = 1,
    max_queue_size = 10,workers = 1,use_multiprocessing = False)
```

（9）模型训练初期阶段，绝对平均误差约为 0.2494，准确度为 0.1，损失值为 2.4340，之后随着训练轮数增加，损失值和误差不断降低，准确度则不断上升，训练末期阶段，准确度增加到 1，绝对平均误差下降为 0.009，损失值则下降为 0.0409，模型的准确度较好，参见图 7-7 和图 7-8。

（10）设计智能客服的对话框显示界面，包括对话结果显示框、滚动条及用户输入框等组件。使用到的主要库文件包括 JSON、NumPy、Pickle、Keras、WordNetLemmatizer、Tkinter.Text、Tkinter.Text 以及 Tkinter.Button。

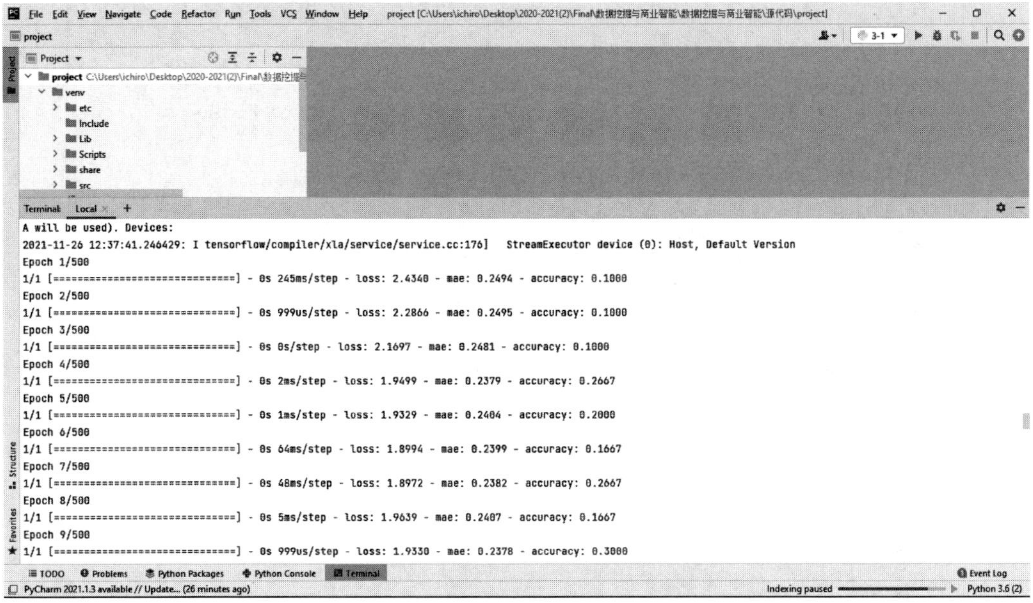

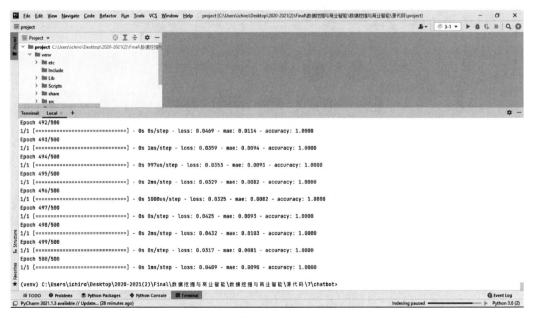

图 7-7　模型观测指标变化(训练初期)

图 7-8　模型观测指标变化(训练末期)

```python
# 设置用户和智能客服之间的消息交互
def chatbotInteract():
    query = txt.get("1.0",'end - 1c').strip()
    txt.delete("0.0",END)
    chatwnd.tag_config('question', background = "white", foreground = "black")
    chatwnd.tag_config('answer', background = "white", foreground = "blue")
    chatwnd.config(state = NORMAL)
    chatwnd.insert(END, "用户问题: \n" + query + '\n\n','question')
    outcome = chatbot_Response(query)
    chatwnd.insert(END, "客服回答: \n" + outcome + '\n\n','answer')
    chatwnd.config(state = NORMAL)
    chatwnd.yview(END)


# 设置智能客服应用界面风格
tk_window = tkinter.Tk(screenName = None, baseName = None)
tk_window.title("智能客服")
tk_window.geometry("500x600")
tk_window.resizable(False, False)


# 设置文本框
chatwnd = Text(tk_window, borderwidth = 2, cursor = None, state = NORMAL, background =
"white", height = "12", width = "70", font = "Arial",wrap = WORD)


# 设置滚动条
srb = Scrollbar(tk_window, command = chatwnd.yview, activebackground = None, background =
"white",borderwidth = 2,highlightcolor = "purple",cursor = "arrow",
jump = 0,orient = VERTICAL,width = 16,elementborderwidth = 1)
srb.pack( side = RIGHT, fill = Y )
chatwnd['yscrollcommand'] = srb.set
# 设置信息输入框风格
txt = Text(tk_window, borderwidth = 0, cursor = None,background = "white",width = "25",
height = "8", font = "Arial",wrap = WORD)


# 设置发送消息按钮风格
msgBtn = Button(tk_window, font = ("kaiti",12), text = "咨询", width = 12, height = 8,
highlightcolor = None, image = None, justify = CENTER, state = ACTIVE, borderwidth = 0,
background = "Blue", activebackground = "#524e78",fg = 'white',relief = RAISED,
command = chatbotInteract)


# 显示组件内容
srb.place(x = 404,y = 12, height = 398)
chatwnd.place(relx = 0.0, rely = 0.35, relwidth = 0.8, relheight = 0.66, anchor = 'w')
msgBtn.place(bordermode = OUTSIDE,x = 175, y = 540, height = 50)
txt.place(x = 2, y = 411, height = 100, width = 400)
tk_window.mainloop()
```

（11）加载训练好的模型，启动智能客服程序，在对话框中输入需要咨询的问题，客服程序根据训练结果和训练模型提供自动回复结果，参见图 7-9～图 7-12。图 7-12 是异常分支测试，用户在没有输入问题的情况下，智能客服提供反馈信息提示用户输入详细咨询内容。

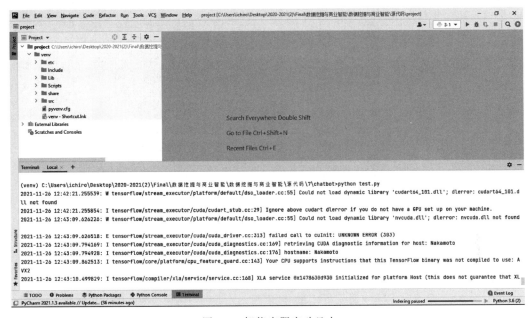

图 7-9　智能客服启动日志

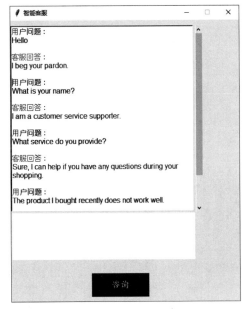

图 7-10　智能客服测试对话框

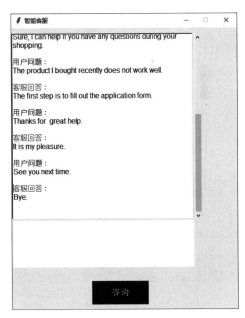

图 7-11　智能客服对话测试

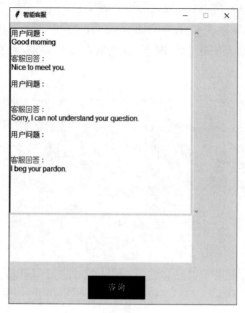

图 7-12　智能客服异常测试

小结

本章介绍了智能客服的技术基础和常用开发库，并通过实例说明商务智能客服的应用。

关键术语

智能客服开发、智能客服发展、智能客服情感

习题

1. 智能客服系统重点关注哪三部分功能？
2. 智能客服技术通过自然语言处理技术提供了哪些功能？
3. 与传统人工客服相比，智能客服应用一般具有哪些优势？
4. 简要描述 Gensim。
5. 简要描述 NLTK。
6. 简要描述 SpaCy。
7. 简要描述 TensorFlow。
8. 简要描述 PyTorch。
9. 简要描述 Theano。

10. 简要描述 Keras。

11. 描画智能客服、人工客服和终端用户之间的关系简要图。

12. 简述主客观分类模块。

13. 简述情感分类模块。

14. 简述学习模块。

15. 智能客服发展需要解决哪两个关键问题？

16. 简述 JSON 两种结构。

17. 简述 JSON 对象。

18. 简述 JSON 数组。

19. 根据教材提供的实例，替换成其他英文语料训练并测试智能客服响应。

20. 根据教材提供的实例，设计英文对话语料，运行使模型训练准确度达到 90% 以上，测试客服的应答效果。

第 **8** 章

对话流商务智能

本章重点

- 智能客服功能结构
- 对话流技术框架

本章难点

- 基于对话流技术的智能客服实现

8.1　商务智能客服功能结构

互联网的发展已经深入到社会的各个方面,智能化发展已经成为社会发展的大趋势。在大数据和互联网时代,企业和组织愈加重视客户沟通以及客户体验,传统的客户服务系统面临挑战,急需变革。

(1)灵活性:越来越多的客户使用移动和智能设备接入网络,接入时间和地点更加灵活化。

(2)效率性:用户对客服的服务效率标准更加严格。

智能客服最常见的应用包括商务场景,比如导购机器人或者导购对话程序。按对话的交互方式,包含文字交互、语音交互以及复合型交互;按对话类型,可以分为问答、闲聊和任务等类型。智能导购客服的概要功能结构框架如图 8-1 所示。首先,用户需要通过文字或语音输入信息;然后,智能客服程序尝试识别并理解信息,并判断对话的问答、闲聊或者任务属性;接下来,调度程序会判断客服程序是否具备解决问题的能力,如果无法解决且有人工客服资源,就会转给人工客服处理;最后,客服程序根据搜集到的信息整理回复内容,并通过文字或语音返回给用户。在第一轮应答结束后,用户可以继续输入下一轮咨询内容,直到获得完整回复或者对话结束。

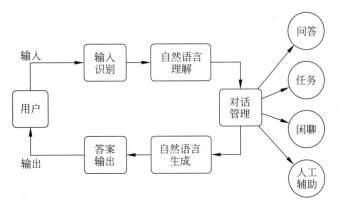

图 8-1　智能客服概要功能结构

8.2　商务智能客服设计要素

目前市场上商务智能客服应用比较多,各种客服之间的功能存在差异,智能客服的设计,主要考虑如下要素。

(1) 界定智能客服应用的服务对象和服务范围,用户的特点和服务诉求,界定问答、任务和闲聊等属性。

(2) 界定知识库水平,明确算法能力以及知识库的完备水平。

(3) 界定人机交互方式,例如,文字交互、语音交互或复合交互,支持的软件和硬件载体。

(4) 设计会话的相关流程,包括会话开启、问题查询、会话互动、回复显示以及转人工服务的流程等。

(5) 持续跟踪用户需求,提升对话体验,挖掘用户的潜在需求。

8.3　对话流概述

8.3.1　对话流框架

对话流(DialogFlow)是基于谷歌云自然语言理解的技术平台,使用机器学习技术使计算机理解人类语言的结构和含义。对话流可以作为独立解决方案在官方平台 www.dialogflow.com 上提供,也可以虚拟代理的方式部署。通过对话流技术,用户可以设计对话界面并集成到移动应用、网页应用和聊天机器人等,支持包括文本和音频等多种输入。

对话流提供两种虚拟客服服务,即对话流 CX 和对话流 ES。

(1) CX:适合大型代理或者复杂代理类型。

(2) ES:适合小型代理或者简单代理类型。

8.3.2 对话流基本概念

1. 代理

对话流代理是基于自然语言理解的虚拟客服程序，通过代理与用户对话。它可以将用户输入的文字或音频转换为结构化信息。通过代理训练数据，实现自动处理附带一定模糊性的对话场景。

2. 流

在涉及多个主题的对话中，每个主题通常需要复数轮对话才能确定相关信息。流可以用于定义主题和关联的对话路径。

3. 页面

会话状态由页面表示，单个流可以定义复数页面，在给定时刻，只有一个页面是当前页面，称为活跃页面，与该页面关联的流被视为活跃流。

4. 实体类型

实体类型用于控制用户输入数据，比如时间和地址等。

5. 表单

每个页面需要定义一个表单，表单上列出从该页面用户收集的关联参数。

6. 意图

意图针对用户意图进行分类。意图包含训练短语和参数。

7. 网络钩子

网络钩子托管业务逻辑。通过网络钩子，可以执行动态响应生成和验证收集的数据等操作。

8. 实现

实现完成回答问题、信息询问、动态响应生成或终止会话等操作。

8.3.3 对话流框架图

对话流的输入可以是基于文本或音频的语言信息，支持英语和中文等多种语言。文本输入支持 SMS、Webchat、电子邮件、Slack、Facebook Messenger、谷歌智能助理、推特、Skype 等应用，文本信息支持拼写检查，这提升了自然语言理解处理的准确性。对话流基本流程可以概括如下。

（1）接收文本或语音输入到文本处理器，如果是语音信息，则将其转换为文本信息流。

（2）文本信息修正处理，将处理结果传递到对话流自然语言理解引擎。

（3）检查文本流并尝试识别用户意图。意图通常具有与之关联的实体，例如名称、日期和位置。

（4）确定意图以及实体等信息后，将此信息移交给满足意图的处理模块。

（5）检索信息并通过对话流返回给用户。如果交互基于文本，则在同一信道中将文本响应发送给用户；如果是语音请求，则将文本转换为语音响应用户。

图 8-2 表示了对话流的处理流程基本框架。

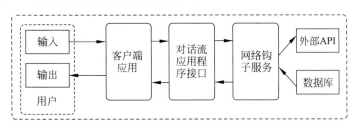

图 8-2 对话流基本框架

8.4 商务智能客服案例

商务智能客服应用，根据不同的应用场景，具有不同的表现形式。在服务的各个流程环节中，都可能体现智能元素。

8.4.1 自动身份验证客服

用户输入的错误身份验证信息需要更正更新。按照传统方法，需依赖人工客服进行信息修正，对客户身份信息进行反复确认，耗时长效率低，降低了用户体验，甚至会影响后续流程。基于自动身份识别技术，实现结构化识别客户的身份信息，并进行自动化比对，核验成功后，可直接对错误信息进行自助修正，提升服务质量。

8.4.2 基于图像、人脸和文字识别的客服

引入图片搜索技术前，用户访问商务网站通常需要结合商品类型浏览检索，搜索效率低。基于图片搜索智能化检索方式可以快速定位目标商品，提升检索效率，帮助用户快速定位商品，简化操作，优化用户购物体验。

传统的纸质凭证和电子卡等识别系统导致服务系统内部各自独立、复杂、数据不统一，身份核验比对存在偏差；丢失需要人工补办，客户等待时间长，成为传统服务的盲点。基于人脸识别算法获取会员信息以及人脸支付等为多场景服务提供了统一的人脸解决方案，提高服务整体运营效率与用户体验。

而基于手写字体识别的智能技术，则能够快速定位海量信息中的特定用户，提升服务效率和用户满意度。

8.4.3　导航客服

导航机器人可以协助解决旅行旅游过程中遇到的问题，节约大量人力和物力，为用户提供咨询服务的同时，服务提供方也可以实时收集用户的最新需求，不断提升服务能力。

8.5　基于对话流的商务智能客服实战

下面介绍基于对话流框架，利用网络上下载的智能客服模板文件生成导购客服的操作步骤，前提条件是用户需要在 DialogFlow 官方网站上预先注册一个账户并开启支付功能，支付功能将根据实际产生的流量进行计费。注册成功后即可登录系统执行如下操作步骤。

（1）打开风址 dialogflow.cloud.google.com/#/getStarted，如图 8-3 所示。

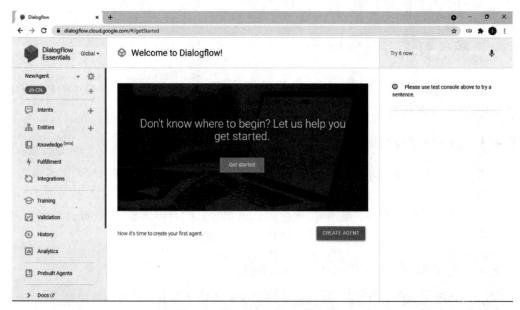

图 8-3　对话流智能客服创建启动界面

（2）单击 Create Agent 按钮，打开如图 8-4 所示代理创建页面，选择默认语言、默认时区，并选中创建新项目，然后单击 CREATE 按钮，生成一个新的代理。

（3）在左边导航窗口中选择新生成的代理名字，然后单击 Export And Import 标签，单击 IMPORT FROM ZIP 按钮打开模板选择窗口，选中预先下载的客服模板文件后上传到对话流系统。

（4）上传成功后保存结果，如图 8-5 所示。

（5）选择左边导航窗口中的 Fulfillment 菜单，在 Inline Editor 右边选中 ENABLED 选项，然后单击 DEPLOY 按钮，如图 8-6 所示。

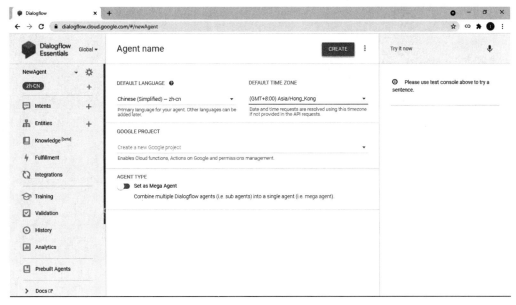

图 8-4 创建智能客服

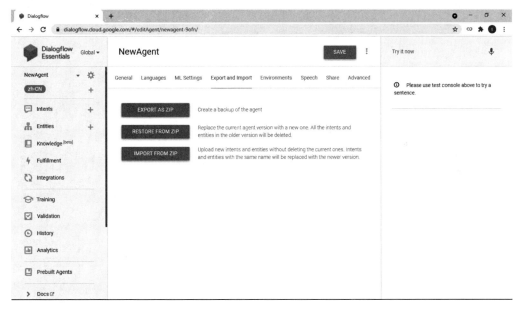

图 8-5 客服模型导出导入

（6）激活 API 功能，记录 API 信息到系统，参见图 8-7。

（7）激活 API 功能，记录 API 信息到系统。打开网址 https://console.cloud.google.com/，项目生成以后的信息画面如图 8-8 所示。

（8）选择 Integrations，在打开的页面上选择 Dialogflow Messenger，将智能客服程序集成部署到用户接口中，单击 TRY IT NOW，参见图 8-9。

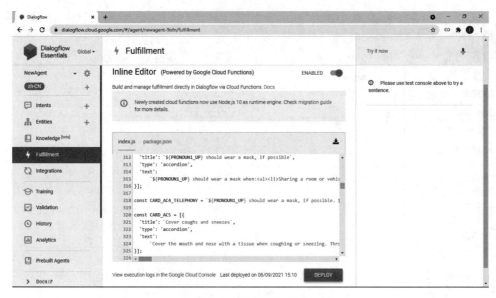

图 8-6　部署智能客服

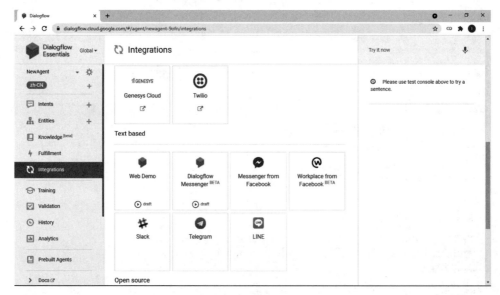

图 8-7　激活 API

（9）集成部署结束后，在对话框中可以输入需要咨询的导购信息，智能客服会根据模型训练结果，基于用户提问自动回复，参见图 8-10。

（10）也可以选择 Web Demo，将生成的智能导购客服部署到网页上，显示如图 8-11所示画面，复制画面中的网页链接地址到一个新开浏览器窗口。

（11）智能客服在新网页中打开，用户可以输入需要咨询的购物信息，智能客服根据上述流程自动回复用户的提问，参见图 8-12。

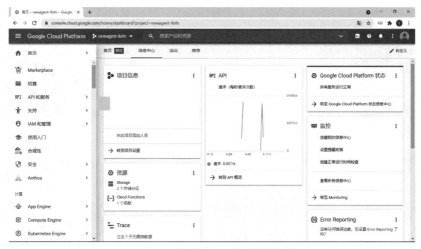

图 8-8 智能客服项目信息统计

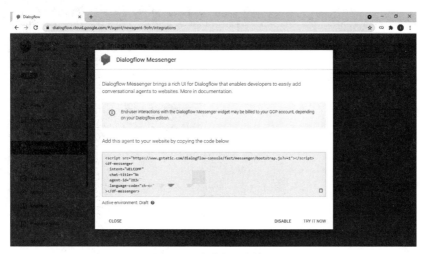

图 8-9 对话流用户接口

图 8-10 测试智能客服

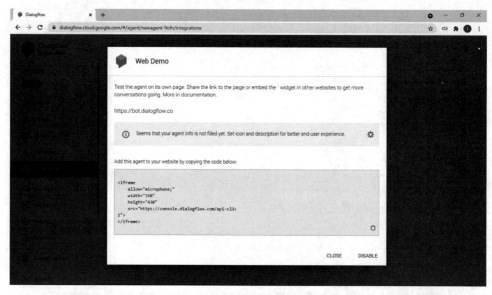

图 8-11　智能客服网页部署

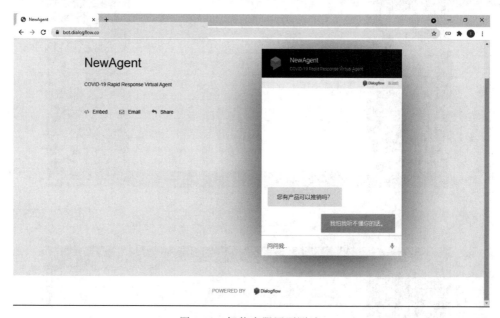

图 8-12　智能客服网页测试

小结

本章介绍了智能客服的基本功能架构和基本概念，并利用对话流技术构建商务智能应用。

关键术语

对话流、商务智能客服、对话流应用

习题

1. 描述传统客户服务系统所面临的主要挑战。
2. 描述智能客服的基本功能结构。
3. 描述智能客服的设计大体上需要考虑哪些要素?
4. 对话流提供哪两种虚拟服务?
5. 描述代理。
6. 描述流。
7. 描述页面。
8. 描述实体类型。
9. 描述表单。
10. 描述意图。
11. 描述实现。
12. 描述网络钩子。
13. 描述对话流基本流程。
14. 描述自动身份验证智能客服概要。
15. 描述基于图像识别的智能客服。
16. 描述基于人脸识别的智能客服。
17. 描述文字识别机器人。
18. 描述导航机器人概要。
19. 根据教材提供的范例,选择不同模板,生成智能客服应用并部署到对话流用户接口,测试智能客服对话效果。
20. 根据教材提供的范例,选择不同模板,生成智能客服应用并部署到网页,测试智能客服对话效果。

第 **9** 章

问答智能客服

本章重点

- 问答型客服的功能架构
- 远程交互式智能客服
- 本地交互式智能客服

本章难点

- 定制型智能客服应用

9.1 问答智能客服功能架构

9.1.1 问答智能客服简介

问答型(Question and Answer,QA)智能客服根据问题检索答案,并返回用户可以理解的结果,注重一问一答的流程处理,侧重知识推理以及问答匹配。在任务处理过程中,问答系统的部分功能与信息查询类似,比如均需要根据用户提出的问题进行答案检索,但在输入/输出的具体内容、信息获取过程和应用场景等方面可能存在差异。

可以根据不同角度(如应用领域、答案形式以及语料格式等)对问答系统进行分类。基于应用领域可分为限定域问答系统和开放域问答系统。限定域问答系统是指系统所能处理的问题只限定于特定领域或特定范围,比如只限于医学、商务或者金融领域等,而开放域问答系统面向的领域范围可以更广。根据支持技术分类,可分为数据库系统、对话式系统、阅读理解系统、问题集系统、知识库系统等。

9.1.2　智能问答客服功能架构

典型的问答系统包含问题输入、问题理解、信息检索、信息抽取、答案排序、答案生成和结果输出等。首先由用户提出问题,检索操作通过在知识库中查询得到相关信息,并依据特定规则从提取到的信息中抽取相应的候选答案特征向量,最后筛选候选答案输出结果给用户,参见图 9-1。

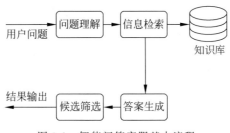

图 9-1　智能问答客服基本流程

9.2　智能问答客服框架

问答型自动应用客服主要围绕问题提出、问题理解和候选答案的筛选等这几个中心点展开,根据用户输入的问题信息,理解用户问题的主要意图并识别问题的主题范畴,从相应知识库或者数据库(如外部知识库或者内部知识库)中检索答案,无法检索信息时可能借助推理生成候选答案,通过机器学习或深度算法进行最佳答案甄别,并将最优答案以用户容易理解的方式输出,一般包含问题处理、问题映射、查询构建、知识推理以及消歧排序等主要处理模块。

9.2.1　问题处理

问题处理流程识别问题中包含的信息,判断问题的主题信息和主题范畴归属,比如一般问题和特定主题问题的区分,然后提取与主题相关的关键信息,如人物信息、地点信息和时间信息等。

9.2.2　问题映射

根据用户咨询的问题,进行问题映射。通过相似度匹配和同义词表等解决映射问题,可能需要执行拆分和合并操作。

9.2.3　查询构建

通过对输入问题进行处理,将问题转换为计算机可以理解的查询语言,然后查询知识图谱或者数据库,通过检索获得相应备选答案。

9.2.4　知识推理

根据问题属性进行推理,如果属于知识图谱或者数据库中已知定义信息,则直接查找并返回结果。如果问题属性未定义,则需要通过机器算法或深度学习推理生成答案。

9.2.5　消歧排序

根据知识图谱中查询返回的单数或者复数备选答案,结合问题属性进行消歧处理和优先级排序,输出最优答案。

9.3　问答智能客服实战

目前基于模板的客服应用程序比较多,下面介绍三种方法。第一种是基于远程模式的问答对话,需要提前创建问答知识库(QnA Maker Knowledge Base)服务,常见的知识库模板比较多,网址 https://docs.microsoft.com/en-us/azure/cognitive-services/qnamaker/quickstarts/create-publish-knowledge-base? tabs＝v1 提供了一种模板的相应信息。本实例的知识库使用微软 Azure 系统提供的模板文件 qna_chitchat_caring.tsv,通过导出后导入方式上传到智能客服应用中。第二种是基于本地模板的问答对话应用,需要提前将模板下载到本地安装。第三种是基于用户定制的问答系统,这种方式用户需要编写自定义代码。

基于 Python 框架的智能对话应用模板可以在网址 https://github.com/microsoft/BotBuilder-Samples/tree/main/samples/python 下载。使用到的其他应用包括 Bot Framework Emulator(下载网址为 https://github.com/Microsoft/BotFramework-Emulator/releases/tag/v4.13.0),代理应用程序 Ngrok(下载网址为 https://ngrok.com/download)。启动环境执行 pip install botbuilder.ai 安装智能客服相应库文件。

9.3.1　基于远程交互模式问答客服

基于远程服务器模板的交互模式的主要操作步骤如下。

(1) 在微软 Azure 官网主页注册账户,网址为 https://azure.microsoft.com/en-us/。注册成功后登录到 Azure Portal 页面,网址为 https://portal.azure.com/♯home。

(2) 切换到 Azure Portal 页面,选择 QnA makers 创建服务 QnA Service,如图 9-2 所示。

(3) 单击 QnA Maker Portal 选项,如图 9-3 所示。

(4) 单击 Create a QnA Service 按钮创建知识库,参见图 9-4。

(5) 根据提示完成步骤(1)～步骤(4),然后单击 Create your KB 按钮完成知识库创建,参见图 9-5。

(6) 知识库完成创建后,单击 Save and train 按钮,最后单击 Publish 按钮,如图 9-6 所示。

图 9-2 微软远程问答客服创建界面

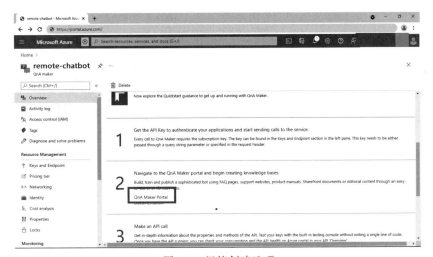

图 9-3 问答创建选项

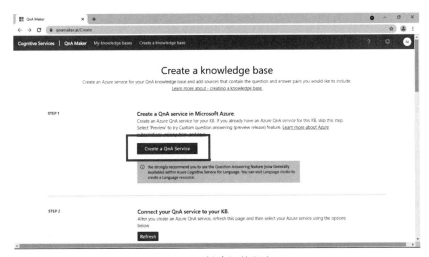

图 9-4 创建问答服务

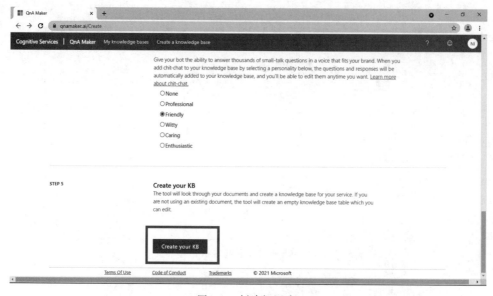

图 9-5　创建知识库

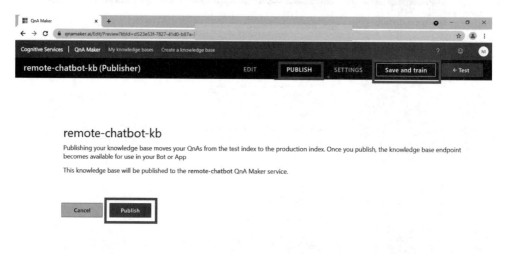

图 9-6　发布智能客服

（7）知识库完成创建后，单击 My knowledge bases 按钮确认知识库详细信息，参见图 9-7。

（8）单击 View Code 按钮，确认并记录主机地址、知识库和认证键值。

```
POST /knowledgebases/knowledgebases - id/generateAnswer
Host: https://host - address
Authorization: EndpointKey EndpointKey - id
Content - Type: application/json
{"question":"< Your question >"}
```

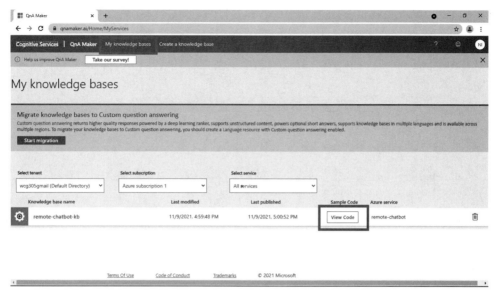

图 9-7　确认知识库信息

（9）新建 app. py 文件，从 botbuilder. core 库导入 BotFrameworkAdapter、BotFrameworkAdapterSettings、TurnContext、ConversationState、MemoryStorage 类，导入网页框架 Flask 库以及 asynciobotbuilder. schema. Activity。主要代码如下。

```python
app = Flask(__name__)
loop = asyncio.get_event_loop()

botframework = BotFrameworkAdapterSettings("","")
botadapter = BotFrameworkAdapter(botframework)

remotebot = RemoteBot()

@app.route("/api/messages",methods = ["POST"])
def messages():
    if "application/json" in request.headers["content - type"]:
        context = request.json
    else:
        return Response(status = 415)

    activity = Activity().deserialize(context)

    if "Authorization" in request.headers:
        outcome = request.headers["Authorization"]
    else:
        outcome = ""

    async def call_fun(turncontext):
        await remotebot.on_turn(turncontext)
```

```
        task = loop.create_task(
            botadapter.process_activity(activity,outcome,call_fun)
        )
        loop.run_until_complete(task)

if __name__ == '__main__':
    app.run('localhost',4000)
```

（10）新创建 remotebot.py 文件，主要代码如下。

```
from botbuilder.core import TurnContext,ActivityHandler,MessageFactory
from botbuilder.ai.qna import QnAMaker,QnAMakerEndpoint

class RemoteBot(ActivityHandler):
    def __init__(self):
        endpoint = QnAMakerEndpoint("knowledgebases - id","EndpointKey - id","https://
host - address")
        self.botmaker = QnAMaker(endpoint)

    async def on_message_activity(self,context:TurnContext):
        response = await self.botmaker.get_answers(context)
        if response and len(response) > 0:
            await context.send_activity(MessageFactory.text(response[0].answer))
```

（11）在 app.py 路径下启动命令行窗口，执行命令 python app.py 启动客服程序，命令行窗口提示 Running on http://localhost:4000 的信息，其中，4000 是 app.py 中配置的端口 PORT 属性值，参见图 9-8。

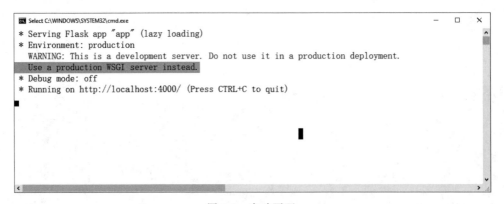

图 9-8　启动页面

（12）启动 Bot Framework Emulator 程序，单击左下角设置按钮，在 Path to ngrok 中选择下载的 ngrok.exe 的路径位置，勾选 Bypass ngrok for local addresses，Run ngrok when the Emulator starts up 以及 Use version 1.0 authentication tokens 复选框，参见图 9-9 和图 9-10。

（13）单击 Open Bot 按钮，在客服程序 URL 中输入"http://localhost:4000/api/messages"，然后单击 Connect 按钮，参见图 9-11。

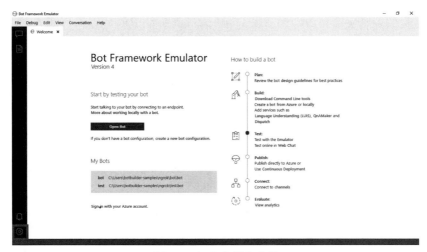

图 9-9 智能客服客户端

图 9-10 智能客服客户端模拟器设置

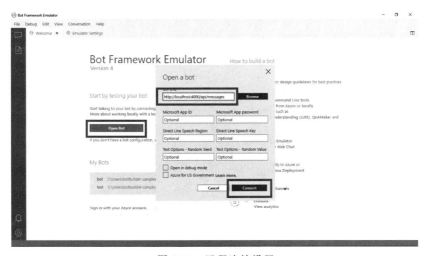

图 9-11 远程连接设置

（14）智能客服应用对话画面启动后，确认右边窗口中的日志输出正常，以及 Ngrok 应用处于代理监听状态，然后在左边窗口中输入需要咨询的问题，测试远程客服程序提供的回复结果，参见图 9-12。

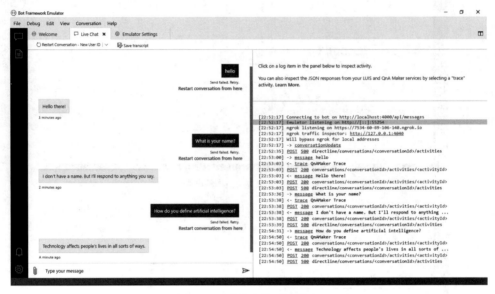

图 9-12　远程连接对话测试

9.3.2　基于本地交互模式问答客服

基于本地交互模式需要事先将模板文件下载到本地，例如，可以下载 https://github. com/microsoft/BotBuilder-Samples/releases/download/Templates/core. zip。模型下载完成后启动 Bot Framework Emulator 程序，在客服程序 URL 中输入"http://localhost：xxxx/api/messages"，参见图 9-13 和图 9-14。

图 9-13　本地模板连接设置

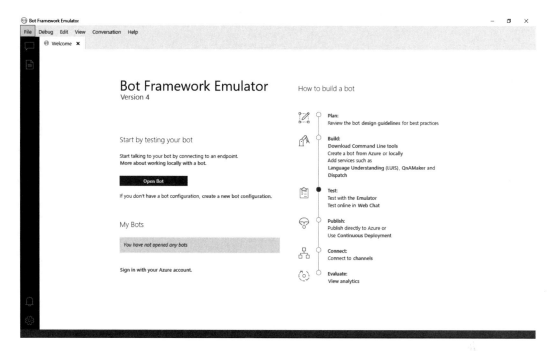

图 9-14　基于本地交互的智能客服设置

连上客服后，单击 Ask a question 按钮，启动问答型程序，参见图 9-15。

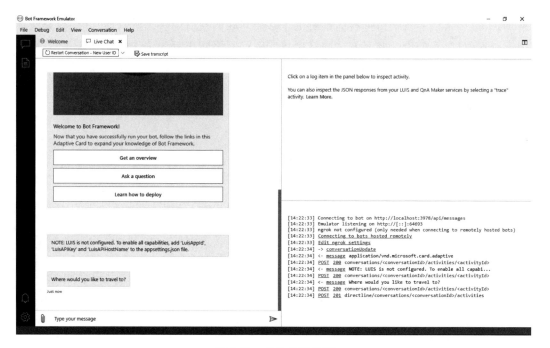

图 9-15　本地模板选项

接着根据提示信息输入问题，进行问答对话，参见图 9-16。

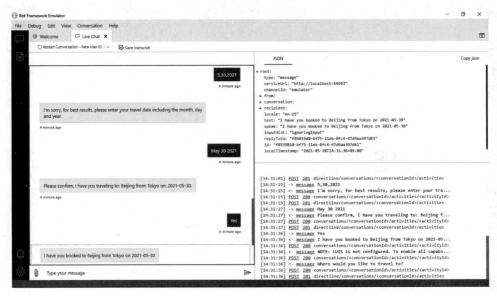

图 9-16　本地模板连接测试

9.3.3　基于定制型问答客服实例

定制型智能客服程序一般需要事先选择语料库，去除噪声信息后根据算法对语料进行训练，最后提供人机接口进行问答对话。基于互联网获得的医学语料库，并通过余弦相似度基本原理，我们设计并开发了问答型智能医疗客服应用程序。

（1）测试程序 function.py 主要代码。

```python
# 导入库文件
import numpy as np
def display_response(outcome1,outcome2):

    if outcome1 is not None:
        outcome = outcome1
    elif outcome2 is not None:
        outcome = outcome2
    else:
        outcome = "非常抱歉,目前暂时没有搜索到与您的问题相匹配的答案,我们会继续关注
您的问题,欢迎您下次继续光临。"
    return outcome

# 文本余弦相似度计算
def cosine_similarity(text1, text2):
    cos_text1 = (Counter(text1))
    cos_text2 = (Counter(text2))
    similarity_text1 = []
    similarity_text2 = []
```

```
        for i in set(text1 + text2):
            similarity_text1.append(cos_text1[i])
            similarity_text2.append(cos_text2[i])

        similarity_text1 = np.array(similarity_text1)
        similarity_text2 = np.array(similarity_text2)

        return similarity_text1.dot(similarity_text2) / (np.sqrt(similarity_text1.dot
(similarity_text1)) * np.sqrt(similarity_text2.dot(similarity_text2)))

# 智能客服问候语匹配,相似度的数值可以定制
def greeting_response(msg, input_greet, output_greet):
    selection = {}
    for key, value in enumerate(input_greet):
        comparison = cosine_similarity(msg, value)
        if comparison > 0.6:
            selection[key] = comparison
        sort = sorted(selection.items(), key = lambda x: x[1], reverse = True)
    outcome = output_greet[sort[0][0]] if len(selection) != 0 else None
    return outcome


# 问答预测操作
def prediction(message):
    input_greet = []
    output_greet = []
    with open("label.csv", 'r', encoding = 'utf - 8') as df:
        greets = csv.reader(df)
        next(greets)
        for greet in greets:
            input_greet.append(greet[1])
            output_greet.append(greet[2])
    # 相似度阈值的设定可以定制
    selection = {}
    for key, value in enumerate(input_greet):
        comparison = cosine_similarity(message, value)
        if comparison > 0.1:
            selection[key] = comparison
        sort = sorted(selection.items(), key = lambda x: x[1], reverse = True)
    outcome = output_greet[sort[0][0]] if len(selection) != 0 else None
    return outcome


# 根据用户输入信息输出响应处理
def entrance(msg):
    input_greet = []
    output_greet = []
    with open("greeting.csv", 'r', encoding = 'utf - 8') as df:
        greets = csv.reader(df)
        next(greets)
```

```
        for greet in greets:
            input_greet.append(greet[0])
            output_greet.append(greet[1])
    outcome1 = greeting_response(msg,input_greet,output_greet)
    outcome2 = prediction(msg)
    outcome = display_response(outcome1,outcome2)
    return outcome
```

（2）界面显示模块 chatrobot.py 主要代码。

```
#导入库文件
import time
import tkinter as tk
from tkinter import *
from tkinter import Tk
from tkinter import Text
from tkinter import Button
from function import *


#设置智能客服应用界面风格
tk = Tk(screenName = None, baseName = None)
tk.title('智能医疗客服')
tk.geometry('500x600')
tk.resizable(True, True)


#定义用户提问和客服回答消息处理函数
def msgProcess():
    #获取用户的输入信息
    msg = txt.get("1.0",'end-1c').strip()
    #删除用户的输入信息
    txt.delete("0.0",END)
    #定义用户消息和客服消息的颜色显示区分
    chatmsg.tag_config('question', background = "white", foreground = "blue")
    chatmsg.tag_config('answer', background = "white", foreground = "black")

    if msg != "":
        #获取和显示用户消息
        tmsg = '【用户问题】' + time.strftime('%Y/%m/%d %H:%M', time.localtime()) + '\n'
        chatmsg.insert(END, tmsg, 'question')
        chatmsg.insert(END, msg + '\n\n','question')
        #根据用户的输入信息进行匹配操作

        outcome = entrance(msg)
        chatmsg.config(state = NORMAL)

        #获取和显示客服应答消息
        botresponse = '【客服回答】' + time.strftime('%Y/%m/%d %H:%M', time.
localtime()) + '\n'
```

```
            chatmsg.insert(END, botresponse, 'answer')
            chatmsg.insert(END, outcome + '\n\n', 'answer')
        else:
            tmsg = '用户问题: ' + time.strftime('%Y/%m/%d %H:%M', time.localtime()) + '\n'
            chatmsg.insert(END, tmsg, 'question')
            chatmsg.config(state = NORMAL)
            chatmsg.insert(END, msg + '\n\n', 'question')
            botresponse = '客服回答: ' + time.strftime('%Y/%m/%d %H:%M', time.localtime()) + '\n'
            chatmsg.insert(END, botresponse, 'answer')
            chatmsg.insert(END, "对不起,我没有理解您的问题,请输入您要咨询的问题。" + '\n\n',
'answer')


#取消发送消息
def msgCancel():
    txt.delete('0.0', END)


chatmsg = Text(tk, borderwidth = 0, cursor = None, state = NORMAL, background = "white",
height = "12", width = "70", font = "kaiti", wrap = WORD)

#设置滚动条
srb = Scrollbar(tk, command = chatmsg.yview, activebackground = None, background = "white",
borderwidth = 0, highlightcolor = "purple", cursor = "arrow",
jump = 0, orient = VERTICAL, width = 16, elementborderwidth = 1)
srb.pack( side = RIGHT, fill = Y )
chatmsg['yscrollcommand'] = srb.set
chatmsg.see("end")

#设置信息输入框风格
txt = Text(tk, borderwidth = 0, cursor = None, background = "white", width = "25", height =
"8", font = "kaiti", wrap = WORD)

#设置发送消息按钮风格
msgBtnS = Button(tk, font = ("kaiti", 12, "bold"), text = "提交咨询", width = 12, height = 8,
highlightcolor = None, image = None, justify = CENTER, state = ACTIVE, borderwidth = 0,
background = "#111fed", activebackground = "#524e78", foreground = 'white', relief =
RAISED,
                    command = msgProcess )


msgBtnC = Button(tk, font = ("kaiti", 12, "bold"), text = "取消咨询", width = 12, height = 8,
highlightcolor = None, image = None, justify = CENTER, state = ACTIVE, borderwidth = 0,
background = "#111fed", activebackground = "#524e78", foreground = 'white', relief =
RAISED,
                    command = msgCancel )

#显示组件内容
srb.place(relx = 0.8, rely = 0.35, relwidth = 0.03, relheight = 0.66, anchor = 'e')
chatmsg.place(relx = 0.0, rely = 0.35, relwidth = 0.8, relheight = 0.66, anchor = 'w')
txt.place(relx = 0.002, rely = 0.685, relwidth = 0.8, relheight = 0.2)
msgBtnS.place(bordermode = OUTSIDE, relx = 0.1, rely = 0.9, relwidth = 0.2, relheight = 0.05)
msgBtnC.place(bordermode = OUTSIDE, relx = 0.4, rely = 0.9, relwidth = 0.2, relheight = 0.05)


tk.mainloop()
```

（3）执行代码，启动智能医疗客服程序，输入问候语后再输入医疗问题查询，客服程序输出反馈应答给用户，如图 9-17 和图 9-18 所示。

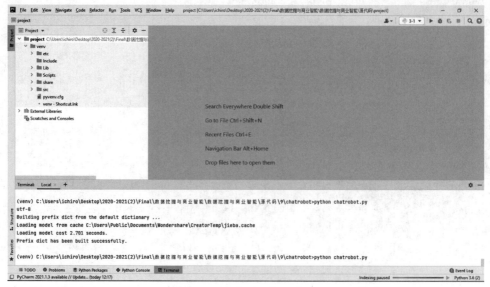

图 9-17　启动智能客服

图 9-18　测试智能客服

在对话框中输入咨询问题，确认智能医疗客服的回复。

小结

本章介绍了问答型客服的基本概念和基本设计，并通过实例说明远程交互式、本地交互式以及定制型客服的应用。

关键术语

问答客服、远程交互、本地交互、定制型智能客服

习题

1. 描述问答重点关注的功能。
2. 问答系统与信息检索具有哪些相同点？
3. 问答系统与信息检索具有哪些不同点？
4. 简要描述问答系统分类的方法。
5. 从应用领域视角，可将问答系统分为哪些类别？
6. 简要描述限定域问答系统。
7. 描述开放域问答系统。
8. 根据支持技术分类，对话系统可以进行哪些分类？
9. 典型的问答系统包含哪些功能？
10. 描述问答客服功能架构。
11. 描述智能问答客服设计的主要内容。
12. 根据教材提供的示例，选定与教材不同主题，创建并测试基于远程交互模式的智能客服程序。
13. 根据教材提供的示例，选定教育咨询主题，创建基于用户定制交互模式的智能客服程序。
14. 根据教材提供的示例，选定医院门诊咨询主题，创建基于用户定制交互模式的智能客服程序。
15. 根据教材提供的示例，选定产品故障咨询主题，创建基于用户定制交互模式的智能客服程序。
16. 根据教材提供的示例，选定电子商务主题，创建基于用户定制交互模式的智能客服程序。
17. 根据教材提供的示例，选定旅游咨询主题，创建基于用户定制交互模式的智能客服程序。
18. 根据教材提供的示例，选定交通咨询主题，创建基于用户定制交互模式的智能客服程序。
19. 根据教材提供的示例，选定人工智能知识咨询主题，创建基于用户定制交互模式的智能客服程序。
20. 根据教材提供的示例，选定大数据知识咨询主题，创建基于用户定制交互模式的智能客服程序。

第 **10** 章

张量流商务智能

本章重点

- 序列-序列机制
- 集束搜索
- 张量流

本章难点

- 张量流应用

10.1 序列-序列机制

10.1.1 序列-序列机制概述

序列-序列（Sequence To Sequence，Seq2Seq）是一个编码器-解码器（Encoder-Decoder Mechanism）结构的神经网络，输入是序列（Sequence），输出也是序列（Sequence）。编码器（Encoder）将可变长度的序列转变为固定长度的向量表达，而解码器（Decoder）则将这个固定长度的向量转换为可变长度的目标信号序列，如图 10-1 所示，图中 EOS 是序列的结束标识符。

序列-序列的基本模型包含三个部分，即编码器、解码器以及连接两者的中间状态向量语义编码（C）。编码器通过学习输入，将其编码成固定大小的状态向量，继而将语义编码传给解码器，解码器再通过对状态向量语义编码的学习输出对应的序列。

图 10-2 表示了序列-序列模型的基本工作流程。

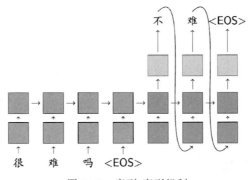

图 10-1　序列-序列机制

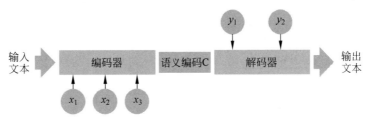

图 10-2　序列-序列模型

10.1.2　注意力机制

注意力机制(Attention Mechanism)与编码器-解码器模型的区别在于不再要求编码器将所有输入信息都编码成固定长度的向量,而是编码成向量的序列,如图 10-3 所示,解码时选择性地从序列 $C_i(i=1,2,\cdots,n)$ 中选取子集进行处理。

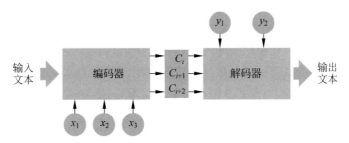

图 10-3　注意力机制

10.2　集束搜索概述

集束搜索(Beam Search)是一种基于序列-序列的搜索算法,通常用在解空间比较大的情况下,为了减少搜索所占用的空间和时间,在每一步深度扩展的时候,裁剪掉部分质量比较差的结点,保留下质量较高的结点,这样就减少了空间消耗,并提高了时间效率,其缺点是潜在的最佳方案有可能被丢弃。

集束搜索一般用于解析空间较大的系统,常用的场景如机器翻译和语音识别等,当系统的数据集比较大,计算资源受限,而且没有唯一最优解时,该算法能够较快地找到接近最正确的解。集束搜索的超参数束宽(Beam Size),假定其值为 i。计算的基本步骤是:第一个时间步长选取当前条件概率最大的 i 个词,视为候选输出序列的第一个词,之后各时序步长基于上步长的输出序列筛选出所有组合中条件概率最大的 i 个结果,作为该时序下的候选输出序列,这样始终保持 i 个结果,最后从 i 中求解最优值。

10.3　智能客服开发流程

智能聊天客服程序开发过程中,首先需要明确需求,确定客服程序需要满足的主要功能。

10.3.1　智能客服的主要功能

智能客服系统的主要功能根据应用场景不同而变化,通常包括会话管理、任务管理、模型管理和权限管理等功能。

（1）会话管理:包含会话分类、问题查询以及问题更新等功能。

（2）任务管理:包括任务配置、任务更新、模型配置等。

（3）模型管理:包括模型更新、数据更新以及访问接口等。

（4）权限管理:包括权限控制、角色匹配以及业务对接等。

10.3.2　智能客服设计

客服程序设计中最重要的是自然语言理解问题,主要涉及实体识别、意图识别、情感识别、指代消解、省略恢复和拒绝判断等处理。实体识别即命名实体识别,主要涉及人名、地名和专有名词。意图识别主要包括显式意图识别和隐式意图识别,显式意图一般通过用户的输入信息明确表达,而隐式意图因为其含义潜藏在字面表述之外,因此通常判断比较困难。情感识别同样存在这个问题。指代消解和省略恢复是指在前文已经表述的前提下,后文提到同一个事物时使用指代词来表述,因此客服程序需要根据上下文进行正确指代匹配。拒绝判断是涉及服务超限时程序可以自动识别问题。

10.4　张量流商务智能实战

下面介绍基于张量流的序列-序列框架的中英翻译实例,该应用可以部署在有语言翻译场景的智能客服中。假定用户输入源语言文本(如中文),智能客服应用基于用户输入自动输出近似语义的目标语言文本(如英文)。本实例使用循环神经网络方法。本节首先介绍涉及的张量流相关基础知识,然后说明序列-序列的实现概要。

10.4.1　张量流概念简介

1. 张量

张量流(TensorFlow)的中文含义是张量和流(Tensor Flow)，张量(Tensor)是张量流中基础但又重要的概念。张量是具有统一数据类型的数组，可以是一维、二维或者多维。张量可以来源自输入数据或计算结果，具有三种属性：名称、维度和数据类型。在张量流中，张量是维度特征向量(即数组，Array)的集合。例如，如果有一个 2 行 4 列的矩阵，表示为：

$$\begin{bmatrix} 10 & 30 & 50 & 70 \\ 90 & 110 & 130 & 150 \end{bmatrix}$$

在张量流中以行特征向量为基准，表达式更新为：

$$[[10, \quad 30, \quad 50, \quad 70], [90, \quad 110, \quad 130, \quad 150]]$$

2. 张量基本操作

张量的常用基本操作包括四种：Variable、constant、placeholder 和 sparseTensor，下面给出其在 TensorFlow Core V2.6.0 API 中的各自定义。使用张量流前一般需要先使用命令 pip install tensorflow 安装库文件，然后使用 import tensorflow 导入张量流的库文件。

1) constant()

constant()函数可以从给定对象中创建张量，其语法定义为：

```
constant(value, dtype, shape, name)
```

主要参数说明如下。

value：张量值。

dtype：张量值的数据类型，可以指定 string、float32、float64、int16 和 int32 等类型。

shape：张量维度；二维情况下代表矩阵，即行和列信息。

name：张量名字。

【实例 10-1】　如果张量值是数值，则称为标量，比如基于给定值 200 生成张量，输入命令如下，其中，>>> 代表命令输入提示符。

输入命令：

```
>>> import tensorflow as tf
>>> Scalar = tf.constant(200, tf.int32,0)
>>> print(Scalar)
```

输出结果：

```
>>> tf.Tensor([], shape = (0,), dtype = int32)
```

【**实例 10-2**】 基于给定列表生成向量。

输入命令为：

```
>>> import tensorflow as tf
>>> Scalar = tf.constant([10, 20, 30, 40, 50], dtype = tf.int64)
>>> print(Scalar)
```

输出结果为：

```
>>> tf.Tensor([10 20 30 40 50], shape = (5,), dtype = int64)
```

如果没有指定向量维度信息，则张量流默认按照行向量优先处理。

【**实例 10-3**】 基于列表生成指定维度张量。

输入命令为：

```
>>> Scalar = tf.constant([10, 20, 30, 40, 50], dtype = tf.int64, shape = (1,5))
>>> print(Scalar)
```

输出结果为：

```
>>> tf.Tensor([[10 20 30 40 50]], shape = (1,5), dtype = int64)
```

在指定向量具体维度的前提下，张量流按照预先指定的维度信息生成向量。

【**实例 10-4**】 生成三行四列矩阵张量。

输入命令为：

```
>>> array = tf.constant(0, shape = (3,4))
>>> print(array)
```

输出结果为：

```
tf.Tensor(
[[0 0 0 0]
 [0 0 0 0]
 [0 0 0 0]], shape = (3, 4), dtype = int32)
```

【**实例 10-5**】 生成二行三列矩阵张量。

输入命令为：

```
>>> array = tf.constant([ [0,1,2],[3, 4,5] ],tf.float32)
>>> print(array)
```

输出结果为：

```
tf.Tensor(
[[0. 1. 2.]
 [3. 4. 5.]], shape = (2, 3), dtype = float32)
```

2）Variable()

当张量元素值发生变化时，可以使用 Variable() 更新，语法定义为：

```
Variable( initial_value, trainable, validate_shape, caching_device, name, variable_def,
dtype, import_scope, constraint, synchronization, aggregation, shape)
```

主要参数说明如下。

initial_value：代表初始值。

name：变量名字。

dtype：变量数据类型。

shape：变量的维度，如果设置为 None，则使用 initial_value 的维度值。

【实例 10-6】 创建张量，然后更新张量。

输入命令：

```
>>> import tensorflow as tf
>>> variable = tf.Variable(180)
>>> variable.assign(300)
```

输出结果：

```
< tf.Variable '' shape = () dtype = int32, numpy = 300 >
```

3）placeholder()

对变量还可以执行占位符操作，即先占位后赋值，其命令格式为：

```
tf.compat.v1.placeholder(dtype, shape, name)
```

主要参数说明如下。

dtype：张量元素的类型。

shape：张量的维度。

name：操作别名。

【实例 10-7】 占位操作与 eager execution 不兼容，因此需要先关闭 eager execution
功能。

输入命令：

```
>>> from tensorflow.python.framework.ops import disable_eager_execution
>>> disable_eager_execution()
>>> import tensorflow as tf
>>> m = tf.compat.v1.placeholder(tf.int32, shape = (2, 2))
>>> n = tf.matmul(m, m)
>>> with tf.compat.v1.Session() as sess:
...     matrix = np.random.rand(2, 2)
...     print(sess.run(n, feed_dict = {m: matrix }))
...
```

输出结果：

```
[[0 0]
 [0 0]]
```

4）张量维度

在程序中，有时需要使用张量的维度信息，对于二维矩阵而言，即是行信息和列信息。下面举例说明。

【实例10-8】 检查二维矩阵张量的行信息和列信息。

```
>>> array = tf.constant([ [0,11,22,99],[20,30, 44,55] ],tf.int16)
    >>> print(array)
tf.Tensor(
[[ 0 11 22 99]
 [20 30 44 55]], shape = (2, 4), dtype = int16)
>>> print(array.shape)
(2, 4)
>>> print(array.shape[0])
2
>>> print(array.shape[1])
4
>>> print(array.shape[2])
IndexError: list index out of range
```

上述例子中，二维矩阵张量的维度信息存储于元组中，元组第一个元素代表行信息，元组第二个元素代表列信息，对于二维矩阵而言，没有第三个维度，因此访问元组的第三个元素时，会提示下标超界错误。

【实例10-9】 生成以值零填充的张量。

```
>>> zeros = tf.zeros(5)
>>> print(zeros)
tf.Tensor([0. 0. 0. 0. 0.], shape = (5,), dtype = float32)
```

或者执行下面的命令可以得到相同的结果。

```
>>> zeros = tf.zeros(5,1)
>>> print(zeros)
tf.Tensor([0. 0. 0. 0. 0.], shape = (5,), dtype = float32)
```

【实例10-10】 生成以值1填充的二维矩阵张量，并获取维度信息。

```
>>> ones = tf.ones([4, 4])
>>> print(ones)
tf.Tensor(
[[1. 1. 1. 1.]
```

```
[1. 1. 1. 1.]
 [1. 1. 1. 1.]
 [1. 1. 1. 1.]], shape = (4, 4), dtype = float32)
>>> print(ones.shape[0])
4
>>> print(ones.shape[1])
4
>>> print(ones.shape[2])
IndexError: list index out of range
```

5）张量流组件简介

张量流包含三个主要的组件：图形（Graph）、张量（Tensor）和任务（Session）。张量表示在操作之间传递的数据，常量张量值不变，而变量的初始值可能随着时间的推移而改变；图形是张量流的基础，运算和操作都在图形内部执行；会话操作从图形中执行，要在图形中使用张量值，需要事先创建并打开会话。

【实例 10-11】

```
#定义常量张量
>>> tf.compat.v1.disable_eager_execution()
>>> a = tf.constant(5)
>>> b = tf.constant(10)
#定义操作
>>> c = a/b
#创建并打开任务
>>> sess = tf.compat.v1.Session()
>>> sess.run(c)
0.5
#操作执行完成,关闭任务,释放资源
>>> sess.close()
```

TensorFlow 的操作在图中进行，图是一个集合连续发生的计算。每个操作称为一个操作结点并且相互连接。目前，TensorFlow 已经从 1. x 升级到 2. x，对于部分使用旧版本编写的代码，仍然可以在 TensorFlow 2. x 中运行 1. x 代码，未经修改（contrib 除外），通常使用的兼容性方法是用 compat. v1 关键字指定，如下。

```
import tensorflow.compat.v1 as tf
tf.disable_v2_behavior()
```

10.4.2 优化算法

TensorFlow 的 keras. optimizers 库中定义了模型的优化算法，下面介绍几种主要代表性算法。本节实例使用了其中的一种算法。

（1）Adam 算法：基于一阶或二阶动量（Moments）的随机梯度下降算法，动量是非负超参数，主要作用是调整方向梯度下降并抑制波动。此算法适用于数据量和参数规模较大的场合。

（2）SGD算法：动量梯度下降算法。

（3）Adagrad算法：学习率与参数更新频率相关。

（4）Adamax算法：Adam算法的扩展型，词嵌入运算有时优于Adam算法。

（5）Ftrl算法：谷歌发明的算法，适用于大稀疏特征空间的场合。

（6）Nadam算法：基于Adam算法，使用Nesterov动量。

（7）RMSprop算法：基于梯度平方均值。

（8）Adadelta算法：使用随机梯度下降算法和自适应学习率，避免训练过程中学习率持续劣化以及手动设定问题。

10.4.3 损失计算

TensorFlow的keras.losses库中定义了各种损失值的运算类，下面重点介绍常用的几种。

（1）CategoricalCrossentropy类：计算标签和预测值之间的交叉熵损失（Crossentropy Loss）。

（2）SparseCategoricalCrossentropy类：原理与CategoricalCrossentropy类似。比较适用于有两个及以上标签类别的场景，如果运算基于独热表示标签，更适合使用CategoricalCrossentropy损失。

（3）BinaryCrossentropy类：类似CategoricalCrossentropy，适用于0或者1二分类的场合。

（4）MeanSquaredError类：计算标签和预测值之间的误差平方均值。

（5）MeanAbsoluteError类：计算标签和预测值之间的绝对误差均值。

（6）Hinge类：计算真实值和预测值之间的铰链损失。

10.4.4 模型评估

TensorFlow的keras.metrics库中定义了模型评估指标，下面介绍几种代表性指标。

（1）AUC类：代表Area Under The Curve，计算ROC的曲线下面积。

（2）MeanSquaredError类：计算预测值和真实值的误差平方均值。

（3）MeanAbsoluteError类：计算标签值和预测值的误差绝对均值。

（4）Accuracy类：计算标签值和预测值相同的频率。

（5）CategoricalCrossentropy类：计算标签和预测值之间的交叉熵。

（6）SparseCategoricalCrossentropy类：原理与CategoricalCrossentropy类似，比较适用于有两个及以上标签类别的场景。

10.4.5 向量嵌入

机器学习模型将向量作为输入，因此在将字符串输入模型之前需要将字符串转换为数值向量,也称为词嵌入。词嵌入提供了一种高效表示的方法,其中相似的词具有相似的编码。在处理大型数据集时,通常会看到多维的词嵌入处理,高维度嵌入可以体现词间的细粒度关系,但需要更多的数据来学习。在张量流中,这可以通过 TensorFlow 库中 Keras.Layers 的 Embedding 类实现,其具体定义如下。

```
Embedding(
    input_dim, output_dim, embeddings_initializer,
    embeddings_regularizer, activity_regularizer,
    embeddings_constraint, mask_zero, input_length, **kwargs
)
```

主要参数说明如下。

input_dim:词语大小。

output_dim:嵌入维度。

embeddings_initializer:嵌入矩阵初始值。

embeddings_regularizer:嵌入矩阵调整函数。

embeddings_constraint:嵌入矩阵限定函数。

mask_zero:布尔值,判断是否零作为填充。

input_length:输入序列长度。

10.4.6 神经网络

门控机制基于循环神经网络,由 Kyunghyun Cho 等人于 2014 年提出。门控循环单元网络(Gated Recurrent Units,GRU)类似于附带遗忘门的长短期记忆网络(LSTM),但参数比后者少。门控循环单元网络在自然语言处理的部分性能与长短期记忆网络相似,在较小数据集上的分析效果比较突出,具体语法定义如下。

```
GRU(units, activation, recurrent_activation,
    use_bias, kernel_initializer, recurrent_initializer,
    bias_initializer, kernel_regularizer,
    recurrent_regularizer, bias_regularizer, activity_regularizer, kernel_constraint,
recurrent_constraint, bias_constraint, dropout, recurrent_dropout, return_sequences,
return_state, go_backwards, stateful, unroll, time_major,
    reset_after, **kwargs)
```

主要参数说明如下。

units:输出空间维度。

Activation:激活函数。

recurrent_activation:重复激活函数。

use_bias:偏置量标识。

kernel_initializer:权重矩阵初始化。

dropout:输入的丢弃率,介于 0~1。

go_backwards：逆向处理输入序列。

10.4.7　中文语料处理

本实例使用中文语料，涉及中文语料的分词，使用结巴分词，下面是实例代码，可以查看分词后的结果，如图 10-4 所示。

```
>>> import jieba
>>> tokenization = jieba.cut("自然语言处理在人工智能领域得到了广泛应用")
>>> for word in tokenization :
...    print(word)
```

如果要对中文语料分词后的结果进行词频统计，可以使用如下方法。

```
>>> import jieba
通过词典存放分词结果，Key 保存词语内容，Value 保存词语频率统计结果
>>> word_dict = {}
>>> tokenization = jieba.cut("人工智能基于智能处理技术,对智能社会发展贡献巨大。")
>>> for word in tokenization :
...    if word in word_dict :
...        word_dict [word] = word_dict[word] + 1
...        print(word_dict)
...    else:
...        word_dict[word] = 1
...        print(word_dict)
...
```

图 10-4　中文结巴分词

输出结果参见图 10-5。

图 10-5　基于结巴分词的词频统计

10.4.8　实现步骤

本实例基于 TensorFlow 库和循环神经网络(编码器-解码器),下面说明主要的操作步骤。

1. 导入库文件

首先需要导入程序执行所需的库文件,因为语料同时包含简体中文和繁体中文,因此参数设定同时支持简体和繁体,导入的主要库信息如下。

```python
import jieba
import tensorflow
import tensorflow as tf
from pathlib import Path
from matplotlib import rcParams
from sklearn.model_selection import train_test_split
from tensorflow.keras import Model
from tensorflow.keras.preprocessing.text import Tokenizer
from tensorflow.keras.layers import Layer, Dense

from matplotlib.font_manager import FontProperties
from tensorflow.keras.layers import Embedding, GRU, LSTM
from tensorflow.keras.optimizers import SGD, Adam
from tensorflow.keras.losses import SparseCategoricalCrossentropy
from tensorflow.keras.utils import get_file
from io import open
```

```
rcParams['font.family'] = ['Microsoft YaHei']
!wget - O taipei_sans_tc_beta.ttf https://link - to - fonts
!mv taipei_sans_tc_beta.ttf /usr/path - link/ttf
font = FontProperties(fname = r'/usr/path - link/ttf/taipei_sans_tc_beta.ttf')
```

确认中文字体下载正常，如图 10-6 所示。

```
--2021-11-27 05:54:51--  https://drive.google.com/uc?id=1eGAsTN1HBpJAkeVM57_C7ccp7hbgSz3
Resolving drive.google.com (drive.google.com)... 173.194.76.113, 173.194.76.139, 173.194.76.102, ...
Connecting to drive.google.com (drive.google.com)|173.194.76.113|:443... connected.
HTTP request sent, awaiting response... 302 Moved Temporarily
Location: https://doc-0k-9o-docs.googleusercontent.com/docs/securesc/ha0ro937gcuc7l7deffksulhg5h7mbp1/2r9n84ajlrg2ckk4i90i
Warning: wildcards not supported in HTTP.
--2021-11-27 05:54:55--  https://doc-0k-9o-docs.googleusercontent.com/docs/securesc/ha0ro937gcuc7l7deffksulhg5h7mbp1/2r9n8
Resolving doc-0k-9o-docs.googleusercontent.com (doc-0k-9o-docs.googleusercontent.com)... 108.177.15.132, 2a00:1450:400c:c0
Connecting to doc-0k-9o-docs.googleusercontent.com (doc-0k-9o-docs.googleusercontent.com)|108.177.15.132|:443... connected.
HTTP request sent, awaiting response... 200 OK
Length: 20659344 (20M) [application/x-font-ttf]
Saving to: 'taipei_sans_tc_beta.ttf'

taipei_sans_tc_beta 100%[===================>]  19.70M   130MB/s    in 0.2s

2021-11-27 05:54:56 (130 MB/s) - 'taipei_sans_tc_beta.ttf' saved [20659344/20659344]
```

图 10-6　文件下载进度

2. 下载语料

TensorFlow 提供了基于英语-西班牙语的翻译项，本实例是在其基础上针对中文-英语翻译的功能拓展，使用的中英文语料可以从网址 http://www.manythings.org/anki/ 下载到本地，也可以在代码中加入链接地址由代码自动下载，主要实现代码如下。

```
file_path = get_file(
    'cmn - eng.txt', origin = 'https://link - to - cmn - eng',
    cache_subdir = 'datasets',extract = False)
file_full_path = Path(file_path).parent/'cmn - eng.txt'
```

执行命令确认语料的保存路径信息。

```
print("语料的保存路径: ",Path(file_path).parent)
!ls /root/.keras/datasets/
```

输出结果如下。

```
语料的保存路径: /root/.keras/datasets
cmn - eng.txt
```

3. 语料预处理

中英文本语料，首先按照行将文本信息切分，如果是英文，则将文本变为小写，然后去掉开始和结尾的空白符并各自加上起始标识符和结束标识符，如果是中文文本，则去掉开始和结尾的空白符后直接添加起始和结束标识符，主要实现代码如下。

```
def preprocess(text):
    reg = re.compile(r'[a-zA-Z,.?]')
    if reg.match(text):
        text = unicode_to_ascii(text.lower().strip())
        text = re.sub(r"([.!:;,])", r" \1 ", text)
        text = re.sub(r'[" "]+', " ", text)
        text = re.sub(r"[^a-zA-Z?.!,:;]+", " ", text)
    text = text.strip()
    text = '<start> ' + text + ' <end>'
    return text
```

列举中英文句子查看处理效果,输入语句为:

```
en_sentence = "Information Technology has achieved great advancement"
cn_sentence = "信息技术获得巨大进步"
print(preprocess(en_sentence))
print(preprocess(cn_sentence))
```

输出结果参见图 10-7。

```
<start> information technology has achieved great advancement <end>
<start> 信息技术获得巨大进步 <end>
```

图 10-7 文本预处理效果

按照行读取语料文本,一行内部中文和英文之间用 Tab 键区分,区分后第一个元素是英文,第二个元素是中文,中文语料执行中文结巴分词后通过空格连接,形成与英文文本相同的显示效果,主要实现代码如下。

```
def corpus(file):
    lines = open(file, encoding='UTF-8').read().strip().split('\n')
    english = []
    chinese = []
    outcome = []
    for string in lines:
        outcome = string.strip().split('\t')
        english.append('<start> ' + outcome[0] + ' <end>')
        cnt = jieba.cut(outcome[1], cut_all=False)
        chinese.append('<start> ' + " ".join(cnt) + ' <end>')

    return english, chinese
```

输出部分样本,比较结巴分词后的中文文本和对应英文文本的处理效果,参见图 10-8。

```
"<start> I'm back <end>", "<start> I'm busy <end>", "<start> I'm cold <end>"
'<start> 我 回来 了 <end>', '<start> 我 很 忙 <end>', '<start> 我 冷 <end>'
```

图 10-8 中英文处理结果

通过将文本映射为索引张量信息,输出部分样本,对比中英文词嵌入处理结果,参见图 10-9。

```
待翻译语言：索引值和文本映射
1 =====> <开始>
4 =====> 我
103 =====> 真的
145 =====> 认为
20 =====> 我们
195 =====> 该
21 =====> 做
1483 =====> 这事
2 =====> .
3 =====> <结束>

翻译后语言：索引值和文本映射
1 =====> <开始>
5 =====> i
118 =====> really
57 =====> think
28 =====> we
76 =====> should
17 =====> do
15 =====> this
2 =====> .
3 =====> <结束>
```

图 10-9   中英文词嵌入处理

4. 编码器定义

接着定义编码器，词嵌入初始化矩阵基于均匀分布，使用双曲正切激活函数，循环激活函数使用 Sigmoid，使用偏置量并设定初始值为 0，模型丢弃率和重复丢弃率都设置为 0.1。

```python
class Encoder(Model):
    def __init__(self, corpus_scale, embedding_dim, encoder, batch_size):
        super(Encoder, self).__init__()
        self.batch_size = batch_size
        self.encoder = encoder
        self.embedding = Embedding(input_dim=corpus_scale, output_dim=embedding_dim,
embeddings_initializer='uniform',
        embeddings_regularizer=None, activity_regularizer=None,
        embeddings_constraint=None, mask_zero=False, input_length=None,)
        self.gru = GRU(self.encoder, return_state=True, activation='tanh', recurrent_
activation='sigmoid', use_bias=True, kernel_initializer='glorot_uniform', recurrent_
initializer='orthogonal', bias_initializer='zeros', kernel_regularizer=None, recurrent_
regularizer=None, bias_regularizer=None, activity_regularizer=None, kernel_constraint
=None, recurrent_constraint=None, bias_constraint=None, dropout=0.1, recurrent_
dropout=0.1, return_sequences=True, go_backwards=False, stateful=False, unroll=
False, time_major=False, reset_after=True,)
```

5. 解码器定义

接着定义解码器，词嵌入初始化矩阵基于均匀分布，使用双曲正切激活函数，重复激活函数使用 Sigmoid，使用偏置量并设定初始值为零，模型丢弃率和重复丢弃率都设置为 0.1。

```python
class Decoder(Model):
    def __init__(self, corpus_scale, embedding_dim, decoder, batch_size):
        super(Decoder, self).__init__()
```

```
self.batch_size = batch_size
self.decoder = decoder
self.embedding = Embedding(corpus_scale, embedding_dim)
 self.gru = GRU ( self. decoder, return_state = True, activation = 'tanh', recurrent_
activation = 'sigmoid', use_bias = True, kernel_initializer = 'glorot_uniform', recurrent_
initializer = 'orthogonal', bias_initializer = 'zeros', kernel_regularizer = None, recurrent_
regularizer = None, bias_regularizer = None, activity_regularizer = None, kernel_constraint
= None, recurrent_constraint = None, bias_constraint = None, dropout = 0.1, recurrent_
dropout = 0.1, return_sequences = True, go_backwards = False, stateful = False, unroll =
False, time_major = False, reset_after = True,)
```

6. 训练模型

基于参数配置,训练模型,设置训练轮数为 10 轮,参见图 10-10 和图 10-11。模型训练初期,损失值为 1.99,第 1 轮整体训练损失值为 1.146,之后随着训练轮数增加,损失值逐渐降低,第 4 轮结束时损失值减少为 0.572。

```
                              第 6轮 第 100 批 损失值 0.302
                              第 6轮 第 200 批 损失值 0.306
                              第 6轮 第 300 批 损失值 0.28
                              第 6 轮 损失值 0.330
                              本轮训练时间为 253.30688285827637 秒
第 1轮 第 0 批 损失值 1.99      第 7轮 第 0 批 损失值 0.26
第 1轮 第 100 批 损失值 1.28    第 7轮 第 100 批 损失值 0.225
第 1轮 第 200 批 损失值 1.17    第 7轮 第 200 批 损失值 0.213
第 1轮 第 300 批 损失值 1.02    第 7轮 第 300 批 损失值 0.324
第 1 轮 损失值 1.146           第 7 轮 损失值 0.242
本轮训练时间为 327.59904384613037 秒   本轮训练时间为 252.39154529571533 秒

第 2轮 第 0 批 损失值 0.895     第 8轮 第 0 批 损失值 0.161
第 2轮 第 100 批 损失值 0.892   第 8轮 第 100 批 损失值 0.21
第 2轮 第 200 批 损失值 0.872   第 8轮 第 200 批 损失值 0.22
第 2轮 第 300 批 损失值 0.852   第 8轮 第 300 批 损失值 0.218
第 2 轮 损失值 0.881           第 8 轮 损失值 0.177
本轮训练时间为 253.71621346473694 秒   本轮训练时间为 254.45180249214172 秒

第 3轮 第 0 批 损失值 0.742     第 9轮 第 0 批 损失值 0.134
第 3轮 第 100 批 损失值 0.741   第 9轮 第 100 批 损失值 0.107
第 3轮 第 200 批 损失值 0.668   第 9轮 第 200 批 损失值 0.129
第 3轮 第 300 批 损失值 0.658   第 9轮 第 300 批 损失值 0.127
第 3 轮 损失值 0.719           第 9 轮 损失值 0.130
本轮训练时间为 253.69220113754272 秒   本轮训练时间为 253.29651141166687 秒

第 4轮 第 0 批 损失值 0.599     第 10轮 第 0 批 损失值 0.0787
第 4轮 第 100 批 损失值 0.499   第 10轮 第 100 批 损失值 0.0981
第 4轮 第 200 批 损失值 0.546   第 10轮 第 200 批 损失值 0.117
第 4轮 第 300 批 损失值 0.573   第 10轮 第 300 批 损失值 0.109
第 4 轮 损失值 0.572           第 10 轮 损失值 0.096
本轮训练时间为 253.7935438156128 秒   本轮训练时间为 254.44712018966675 秒
```

图 10-10　模型训练初期　　　　　　　图 10-11　模型训练后期

模型训练后期,损失值进一步下降,第 6 轮结束时训练损失值为 0.330,到第 10 轮整体训练结束时损失值则变为 0.096,模型的训练效果较好。

7. 测试结果

模型训练结束后,输入中文获得英文翻译结果,部分结果参见图 10-12～图 10-15。翻译结果可能会随着训练轮数和训练样本数量发生一定变化。

【**实例 10-12**】　translate(u'感谢 你 的 帮助'),混淆矩阵输出结果参见图 10-12。

输入文本：<start> 感谢 你 的 帮助 <end>

翻译结果：thanks for your help <end>

【实例 10-13】 translate(u'我 想 打 电话')，参见图 10-13。

输入文本：<start> 我 想 打 电话 <end>

翻译结果：i want to call <end>

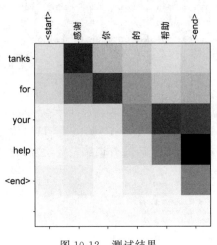

图 10-12　测试结果

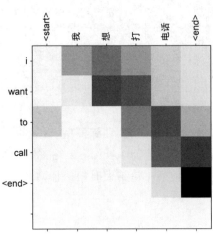

图 10-13　测试结果

【实例 10-14】 translate(u'他 不幸 找 不到 工作')，参见图 10-14。

输入文本：<start> 他 不幸 找 不到 工作 <end>

翻译结果：he had no luck in finding work <end>

【实例 10-15】 translate(u'我 相信 你 的 判断')，参见图 10-15。

输入文本：<start> 我 相信 你 的 判断 <end>

翻译结果：i believe your judgment <end>

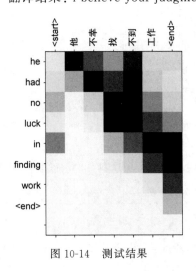

图 10-14　测试结果

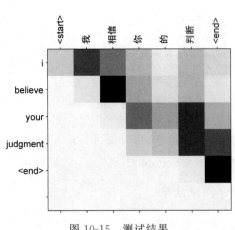

图 10-15　测试结果

小结

本章介绍了序列-序列机制和张量流的基本概念,基于中文语料库说明基于循环神经网络的语言翻译的实战应用。

关键术语

张量流、序列-序列、注意力机制、门控循环神经网络

习题

1. 描述序列-序列机制。
2. 描述注意力机制与编码器-解码器模型的区别。
3. 描述集束检索。
4. 智能客服的主要功能包括哪些?
5. 简要描述会话管理。
6. 简要描述任务管理。
7. 简要描述模型管理。
8. 简要描述权限管理。
9. 简述 TensorFlow 模型评估指标。
10. 简述 TensorFlow 的 keras.optimizers 库定义的优化算法。
11. 聊天客服程序设计主要包括哪些要素?
12. 概述实体识别。
13. 概述意图识别。
14. 描述指代消解。
15. 简述张量。
16. 简述张量的三种属性。
17. 简述张量的基本操作。
18. 描述向量嵌入的类定义及其主要参数的含义。
19. 描述张量的三个主要组件。
20. 根据教材提供的实例,替换成其他中文语料,训练并测试基于张量流和序列-序列机制的应用。

第 **11** 章

Rasa商务智能

本章重点

- Rasa NLU
- Rasa Core

本章难点

- Rasa 商务智能应用

11.1　Rasa NLU 概述

11.1.1　Rasa 框架

　　大数据和人工智能在社会生活中普及面越来越广,企业和组织对业务的评价标准发生了变化,服务提供者与服务利用者的关系也与传统定义有所区别。随着信息技术的不断更新换代,智能技术近年发展比较迅速,对于智能客服而言,需要解决诸多关键问题,包括提高预测准确度以及拓展专家知识库等。

　　Rasa 是一个开源机器学习框架,可以用于构建基于文本和语音的对话驱动型自动化智能客服助手,能够克服传统客服的部分缺陷。在 Windows 操作系统环境下,可以使用 pip install rasa 完成安装。Rasa 主要包含以下两个主要模块。

　　(1) 自然语言理解(Rasa Natural Language Understanding,Rasa NLU):主要功能是实现用户意图识别、实体提取和参数优化等。例如,将用户输入的无结构化信息转换为有序的结构化信息,Rasa 支持本地部署,并支持包括英语和中文等在内的多种语言。

　　(2) 对话管理(Rasa Core):Core 模块的主要功能为预测,可以针对未知场景提供相应的响应。

11.1.2 Rasa NLU

Rasa NLU 模块的主要功能包括用户意图理解、实体提取和参数优化等。Rasa 使用意图（Intents）概念作为用户消息分类的基本准则，可以将用户输入消息分成单数意图或复数意图，可以从空白开始训练，也支持加载预训练模型。针对中文等不以空格分隔文本的场景，可以使用结巴分词进行数据预处理。

Rasa NLU 需要解决包括数据质量、超范畴词语以及近意图混淆区分等问题。下面介绍 Rasa 相关基本概念和基本要素。

1. 意图

训练数据是创建 Rasa 智能客服的重要基础步骤，Rasa 基于用户意图（Intent）关键字进行分类，相同意图内部通过关键字实例（Examples）加以区分。

【实例 11-1】 定义意图。

```
- intent: name_query
  examples: |
    - Please show me your name.
    - What is your full name in Chinese?
- intent: medicine_query
  examples: |
    - What kinds of medicine are you taking currently?
    - Are you using prescribed medications presently?
```

2. 实体

实体（Entities）是可以从用户消息中提取出来的结构化、规则性的信息，实体注解语法表达格式如下，可以在实体参数后面加上其他参数，如角色（Role）信息、组（Group）信息和值（Value）信息等。

实体定义：

```
[<entity-text>]{"entity": "<entity name>"}
```

【实例 11-2】 定义实体。

```
- intent: ask_preference
  examples: |
    - what is your favorite [product]{"entity": "preference"}
    - which one do you like the best among [the list of products]{"entity": "preference"}
```

3. 同义词

同义词（Synonyms）将提取出来的信息映射到相近语义进行表达。

【实例 11-3】 定义同义词。

```
 - synonym: disease
examples: |
 - sickness
 - illness
```

4. 正则表达式

正则表达式（Regular Expressions）可以用来过滤和匹配信息，实现信息分类、信息检索和实体提取的目的。

【实例 11-4】 定义正则表达式。

```
 - regex: account_info
examples: |
 - [a-zA-Z0-9]
```

5. 故事

故事（Stories）是用户和智能客服之间的对话信息，用以训练用户与客服程序之间的对话模型，并且自动扩展到未知对话场景以便生成正确的响应。故事由名字（Story）、概要信息（Metadata，可选项）和步骤（Steps）等组成。其中，步骤可以包括用户消息（User Message）、动作（Action）、表格（Form）以及检查点（Checkpoint）等。

【实例 11-5】 定义故事。

```
stories:
- story: basics_query
    metadata:
    steps:
     - intent: query
     - action: collect
```

6. 用户消息

用户消息（User Message）由必选关键字意图（Intent）设定，也可以通过可选关键字实体（Entities）指定。

【实例 11-6】 定义用户消息。

```
stories:
 - story: story_info
steps:
 - intent: intent_list
entities:
 - entity: entity_list
```

7. 动作

故事用于对话管理模型的训练数据实例,是用户与智能客服之间的对话表达,用户输入表达为相应的意图,客服程序的应答表达为相应的动作(Actions)。动作包括特定响应动作(Responses)和自定义动作(Custom Actions),前者由客服程序自动返回特定信息给用户,而后者的信息响应可能具有随机属性。响应动作以前缀 utter_开头,并且与域模板名称一致,自定义动作一般以 action_ 开头。

【实例 11-7】 定义动作。

```
stories:定义动作
- story: story_response
steps:
- intent: response
#特定响应动作
- action: utter_response
#定制型动作
- action: action_response
```

8. 规则

规则(Rules)是一种用于训练对话管理模型的训练数据,符合规则的内容遵循相同匹配路径。

【实例 11-8】 定义规则。

```
rules:
- rule: Transfer request if the users require
steps:
- intent: confirm
- action: utter_confirm
```

9. 域

域(Domain)信息在域文件 YAML 中定义,域定义意图、实体、响应和动作等信息。

【实例 11-9】 域定义。

```
intents:
- query
entities:
- name
responses:
utter_greet:
- text: "Nice to meet you!"
utter_default:
- text: "How are you."
```

```
actions:
 - search
```

10. 策略

策略（Policy）一般在配置文件中设置，Rasa 配置文件为 yml 格式，其定义组件和策略等信息，当用户输入消息时，客服程序基于配置信息进行对应的预测，其中，策略决定对话的各步骤所执行的动作。

【**实例 11-10**】 策略定义。

```
policies:
    - name: high_policy
    - name: low_policy
```

11. 管道

管道（pipeline）中可以配置语言信息或者模型信息。

【**实例 11-11**】 配置模型支持英语。

```
pipeline:
- name: "lang_model"
♯加载英语模型
model: "en_core_web_md"
```

基于 Rasa 的客服程序部署方式灵活多样，可以部署到第三方平台如 Telegram、Slack 等，也可以定制部署到网站。下面以 Rasa 为框架，介绍创建智能客服的操作步骤。

11.2 数据准备

基于 Rasa 搭建智能客服，首先需要准备相关训练数据，下面介绍重要操作步骤。

（1）本节以 PyCharm 为环境介绍具体操作步骤，选择 File→New Project，创建一个新项目，New environment using 选择 Virtualenv，命名虚拟环境的名称，这里假定虚拟环境的名称为 venv，选定 Python Interpreter 和项目的保存位置，其他选项保持默认值，参见图 11-1。

（2）打开 PyCharm 集成开发环境的 Terminal 标签页面，在命令行窗口执行 virtualenv venv 命令创建项目运行的虚拟环境，然后执行 venv\scripts\activate 命令激活虚拟环境。如果虚拟环境下的操作已经完成，可以使用命令 deactivate 退出虚拟环境，参见图 11-2。

（3）在源代码路径下执行命令 pip install -r requirements.txt 安装相应的库文件，python==3.6.5，其他主要库文件的版本信息为：rasa==2.8.12、rasa-sdk==2.8.2、rasa-x==0.42.4、spacy==3.1.3，参见图 11-3。

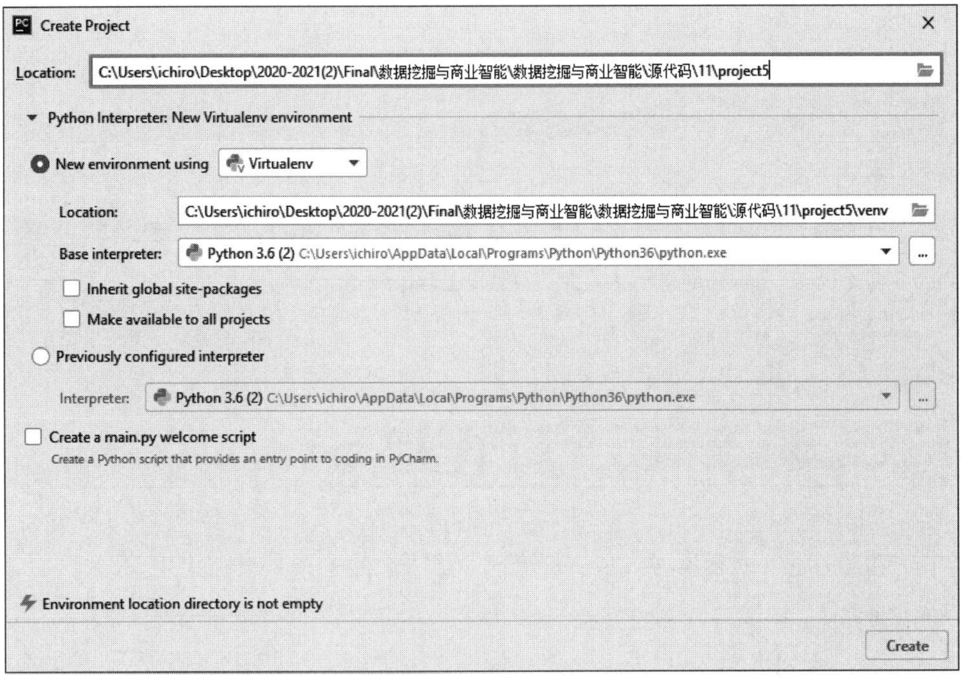

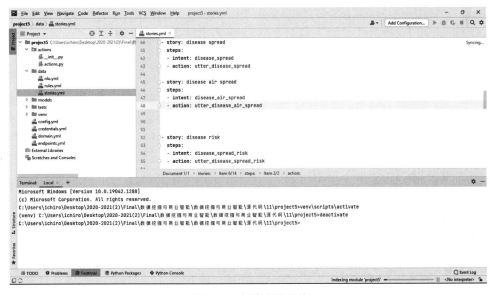

图 11-1　创建项目

图 11-2　创建虚拟环境

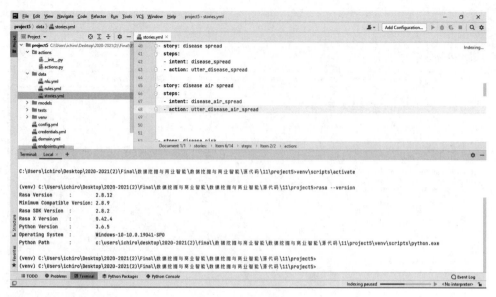

图 11-3　安装库文件

（4）在 Terminal 页面执行 rasa init 命令，生成一个模板 Rasa 客服应用，参见图 11-4。

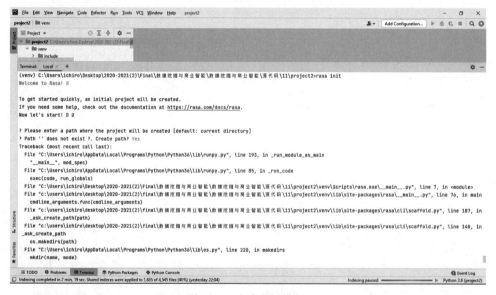

图 11-4　生成应用模板

（5）模板应用生成后，系统会提示是否进行初始训练，这里选择否，不进行训练。自动生成的文件说明如下。

① __init__.py：初始化空文件，帮助查找操作内容。

② actions.py：自定义操作文件。通过 API 调用外部接口或外部服务器，在此文件定义具体连接属性。

③ config.yml：配置 NLU 和 Core 模型。

④ credentials.yml：用于连接到其他服务。

⑤ data/nlu.yml：NLU 训练数据，定义意图等信息。

⑥ data/stories.yml：定义故事内容，为 Rasa Core 使用。

⑦ domain.yml：域名定义文件。该文件结合了智能客服可以检测到的不同意图和客服回复列表。

⑧ endpoints.yml：用于连接到外部，主要用于生产设置。可以配置外部数据库，以便 Rasa 可以存储跟踪信息。

⑨ models/*.tar.gz：模型训练文件。

项目模板完成后，其目录结构参见图 11-5。

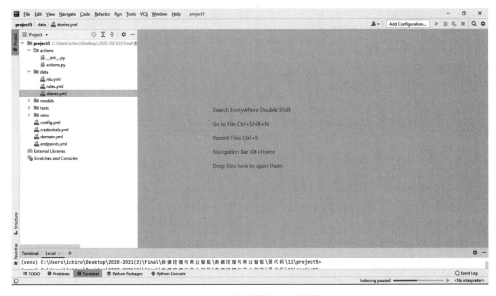

图 11-5　项目模板目录结构

（6）分别更新 data 目录下面的 nlu.yml、rules.yml、stories.yml 文件以及项目目录下的 config.yml、credentials.yml、domain.yml 文件，endpoints.yml 文件保持默认值不变。

① nlu.yml 文件，定义意图和实体。下面是更新后的内容摘要。

```
- intent: disease_environment_spread
  examples: |
    - how does environment spread the virus?
    - how will disease spread in the environment?
```

确认位置信息的意图数据：

```
- intent: location_affirm
  examples: |
    - [China](prefecture)
    - I am currently living in [China](
    - [Beijing](prefecture)
```

上面位置信息意图中，中括号定义了实体名字，而括号中的内容则描述了所属的共通类别。用户可以根据需要调整意图的数目，一般而言，意图数量越多，智能客服对用户提问的识别也越快，提供响应的速度也就越快。

② stories.yml 文件一般包含意图和动作，也就是识别用户输入信息的意图，然后提供相应的下一步动作和响应。故事内容和形式可以根据实际应用场景需求进行灵活调整。

问候故事的响应步骤：

```
- story: greeting track
  steps:
  - intent: greeting
  - action: utter_greeting
  - intent: bad_mood
  - action: utter_cheer
  - action: utter_cheer_check
  - intent: affirm
  - action: utter_good
```

传染病统计信息确认以及交通信息确认：

```
- story: disease track path
  steps:
  - intent: greeting
  - action: utter_greeting
  - intent: statistics_check
  - action: utter_statistics_check
  - intent: travel_statistics
  - action: actions_travel
```

③ rules.yml 与故事不同，规则一般遵循固定的响应模式。

例如，用户在输入再见信息的场景下，智能客服如果回复相应固定格式的再见信息，可以使用下面的定义。

```
- rule: response bye to user
  steps:
  - intent: bye
  - action: utter_bye
```

（7）config.yml，配置文件定义 NLU 和 Core 组件信息，language 设置语言，如果没有配置管道（pipeline）和策略（policy）信息，则系统使用默认值进行训练。此处内容保持不变。

（8）domain.yml 文件定义意图、实体、响应、动作以及对话任务等信息。更新后的主要内容如下。

```
intents:
  - bot_query
  - disease_intro
  - disease_spread
  - disease_spread_risk
  - disease_symptoms
  - disease_vaccine
  - disease_prevent
  - measure_infected

actions:
  - action_travel
  - action_prefecture
  - action_get_loc

entities:
  - name
  - prefecture

slots:
  name:
    type: unfeaturized
  prefecture:
    type: unfeaturized

responses:
  utter_greeting:
- text: "Welcome To the Hospital Customer Self Service.\nYou might want to query questions
  of below:\n1. To Check the statistics of your area.\n2. What is contagious disease?\n3. How
  does contagious disease spread?\n4. How does environment impact the spread of virus?\n5. The
  risk of infection.\n6. Countermeasures against the virus.\n7. Symptoms of the disease.\n8.
  Vaccine Availability."


  utter_disease_intro:
  - text: "Contagious diseases including COVID - 19 can cause phumonia disease from person
  to person. They usually have latent period before patients become infectious."


  utter_disease_spread:
- text: "Contagious disease might cause pandemic that impact the world significantly.
  Initially there may be only one individual infected, however, this can increase to a large
  number in a short time period if no effective measures are enacted. Generally the general
  population needs to cooperate for the containment of uncontrolled spread."


  utter_disease_spread_risk:
  - text: "Contagious diseases are divided into multiple types. Some of them only transmit
  by bloods. In contrast, some can infect the population even through short conversiton. The
  latter can be more harmful."
```

```
    utter_disease_prevent:
    - text: "The best way to prevent being infected is to keep social distancing. "

    utter_disease_symptoms:
    - text: "The symptoms of contagious diseases include:\nCough\nFever or chills\nShortness
of breath or \ndifficulty breathing\n. "

    utter_disease_vaccine:
    - text: " Currently vaccines are available in many countries. However, it might need more
research to battle against the mutations of the virus."

    utter_measure_infected:
    - text: "Please keep self isolation for two weeks if your close contact is infected. Do not
have conversation with others for a long time. Keep the air inside the room circulated all the
time."
♯设置任务超时时间
session_config:
    session_expiration_time: 120
    carry_over_slots_to_new_session: true
```

11.3　模型训练

（1）启动虚拟环境，在 PyCharm 命令行窗口执行 Rasa train 训练模型，首先执行的是 NLU 训练，参见图 11-6。

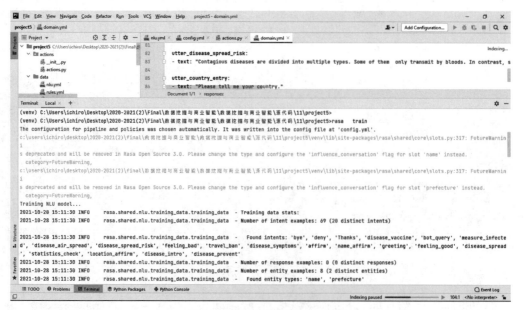

图 11-6　模型理解功能训练

（2）NLU 模型训练结束后，开始训练 Core 模型，参见图 11-7。

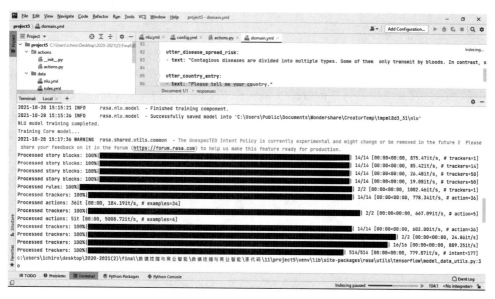

图 11-7 模型预测功能训练

（3）Core 模型训练完成，参见图 11-8。

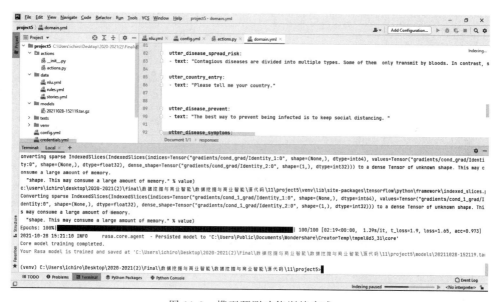

图 11-8 模型预测功能训练完成

11.4 Rasa Core 概述

Rasa Core 是 Rasa 的对话管理模块，主要任务是更新对话状态和响应动作选择，然后对用户的输入提供反馈结果。Rasa Core 具备预测能力，根据模型的训练结果，可以针对未知对话场景选择响应,因此 Core 功能的质量高低,决定了智能机器人的预测水平。

11.5　交互式学习

通过启动交互式学习,可以使智能客服在测试过程中与测试员进行人机交互,从而为提升算法的学习效率提供直接的数据反馈。在 Python 中可以通过启动调试功能输出详细日志,实现交互训练的目的,启动交互式学习后,用户可以对训练内容进行选项确认,保证测试结果正确无误,在命令行 Terminal 窗口执行 rasa interactive 命令,启动交互式学习模式,根据提示信息结果提供响应,参见图 11-9～图 11-11。

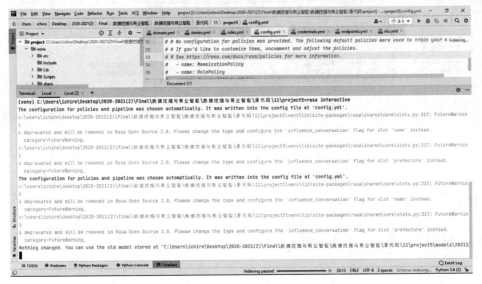

图 11-9　交互式对话

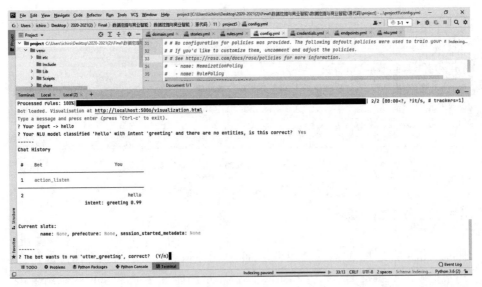

图 11-10　基于交互式检查对话内容

图 11-11　退出交互式对话

11.6　Rasa 商务智能应用测试

（1）执行 rasa shell 命令，启动命令行窗口智能客服对话模式，参见图 11-12 和图 11-13。

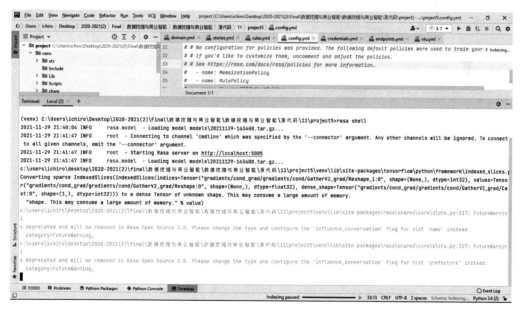

图 11-12　启动智能客服对话

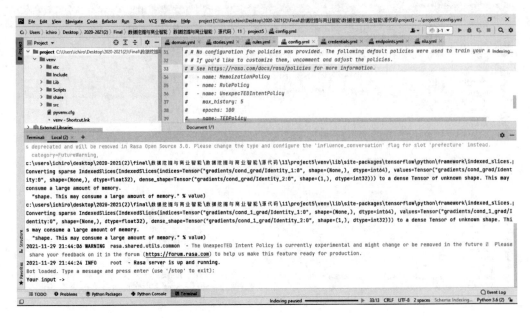

图 11-13　服务器启动完成

（2）返回模型训练窗口，确认智能客服已经启动，输入问题后查看结果，参见图 11-14 和图 11-15。

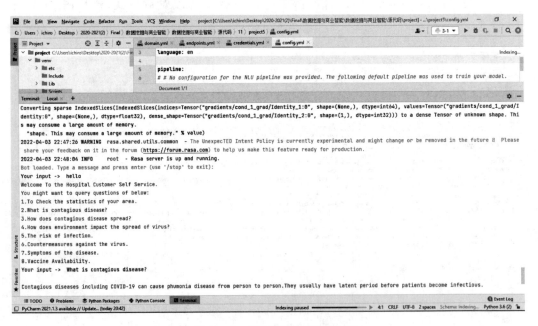

图 11-14　启动智能客服对话

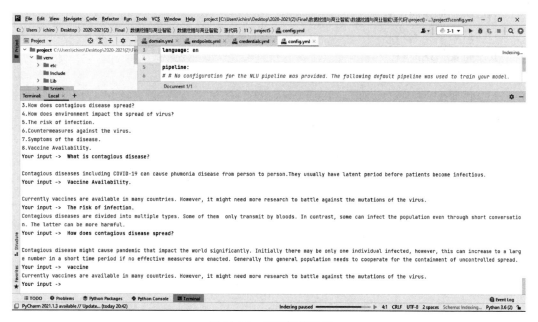

图 11-15　测试智能客服

小结

本章介绍了 Rasa NLU 与 Rasa Core 基本概念,基于 Rasa 基本框架构建了智能客服的实战应用。

关键术语

Rasa NLU、Rasa Core、交互学习

习题

1. Rasa 包括哪两部分模块?
2. 简要描述 Rasa NLU。
3. 简要描述 Rasa Core。
4. 传统客服系统的主要问题包括哪些?
5. 简述 Rasa NLU 模块的主要功能。
6. 简述用户消息分类的基本准则。
7. 简述 Rasa 支持的两种模型加载模式。
8. Rasa NLU 需要解决哪些关键问题?
9. 简要描述实体。

10. 简要描述同义词。

11. 描述正则表达式。

12. 简要描述故事。

13. 描述动作。

14. 描述域。

15. 描述配置文件。

16. 简述意图。

17. 简述实体的语法格式。

18. 简述用户消息。

19. 简述故事数据格式。

20. 基于本书提供的实例,创建基于其他主题的 Rasa 智能客服程序并测试效果。

第 **12** 章

商务智能应用部署

本章重点
- 应用部署的技术基础

本章难点
- 网站型应用部署
- 流程型应用部署

12.1 商务智能应用技术简介

本节将介绍两种智能客服部署技术：其一是如何将智能客服程序部署到自定义网站系统；其二是如何根据预先创建好的对话流程部署智能客服应用，前者将基于第 11 章创建好的智能客服应用展开，后者则需要新创建对话场景。部署使用到的相关技术包括 HTML、JavaScript(jQuery) 以及 CSS(Bootstrap) 等，下面分别简要介绍技术概要。

12.1.1 HTML 基础

HTML 全称是 HyperText Markup Language，是网页的标准标记语言，使用 HTML 可以创建自定义网站或者模板网站。HTML 代表超文本标记语言，主要用于描述网页结构，HTML 页面元素体现浏览器如何显示内容。英文字母的大写和小写在 HTML 中做相同处理。

下面是 HTML 元素组成的页面基本结构，其中，<!DOCTYPE html> 声明定义此文档类型为 HTML5，< html lang＝"en"> 表示网页页面语言为英文。HTML 元素由开始标签、内容和结束标签共同组成，例如，< html ></html >是页面的根元素，< head ></head >包含页面的元信息，< title ></title > 设置标题，< body ></body >元素则定义页面正文。

【实例 12-1】 创建网页基本元素。

```
<!DOCTYPE html>
<html lang = "en - US">
<html>
    <head>
    <title>标题</title>
    </head>
    <body>
    正文
    </body>
</html>
```

HTML 主要元素的含义和说明请参考表 12-1 以及表 12-2。

表 12-1　HTML 主要元素说明

编号	名称	格 式 说 明	含 义

1	标题	`<h1></h1>`
		...
		`<h6></h6>`
			`<h1>` 定义一号标题，字体最大，依次递减，`<h6>` 定义六号标题，字体最小

2	段落	`<p></p>`	表示段落
3	超链接	`<a href="" ></a>`	表示超级链接，href 设定链接目标地址
4	图像	`<img src="" alt="">`	表示图像，src 设置目标图像地址，alt 设定图像无法显示时的替代文本信息
5	风格	`<tag style="property:value;">`	为元素增加颜色、字体对齐和字体大小等
6	水平线	`<hr>`	水平线
7	换行	` `	代表换行
8	文本	`<b>`－ 粗体；`<strong>`－ 重要；`<i>`－ 斜体；`<em>`－ 强调；`<mark>`－ 标记；`<small>`－ 小；`<del>`－ 删除；`<ins>`－ 插入；`<sub>`－ 下标；`<sup>`－ 上标	文本信息处理
9	备注	`<!－－ 备注内容 －－>`	代码忽略备注内容
10	颜色	可以使用 RGB(0－255,0－255,0－255)、HEX（# RRGGBB）、RGBA（0 － 255,0－255,0－255,alpha)等	alpha 代表颜色透明度

11	表格	`<table style="">`
		　`<tr>　<th></th>　</tr>`
		　`<tr>　<td></td>　</tr>`
		`</table>`
			`<table>`定义表格，`<tr>`定义行，`<th>`定义行数据标题，`<td>`定义行数据

12	列表	`<ul><li></li></ul>`； `<ol><li></li></ol>`	`<ul>`定义无序列表，`<ol>`定义有序列表，`<li>`定义列表元素
13	区块	`<div></div>`	通常作为其他元素的容器

表 12-2　HTML 主要元素说明（续）

编号	名称	格　式	含　义
1	类属性	＜tag class=""＞＜/tag＞	可用于不同元素共享相同的显示属性
2	id	＜tag id=""＞＜/tag＞	指定元素的唯一性，不同元素的 id 不能重复
3	变量	＜var＞＜/var＞	定义程序或者数学表达式的变量
4	全局属性	＜meta＞	＜meta＞指定页面全局属性，如字符集等
5	视频和音频	＜video(audio)　controls＞ 　＜source src="" type=""＞ ＜/video(audio)＞	＜video(audio)＞指定视频(音频)，controls 设置播放、停止等动作属性，＜source＞指定路径等
6	内嵌对象	＜object＞＜/object＞或者 ＜embed＞＜/embed＞	定义嵌入 HTML 元素的对象
7	表单	＜form＞ ＜label for=""＞＜/label＞ ＜input type="text"＞ ＜input type="radio"＞ ＜input type="checkbox"＞ ＜input type="submit"＞ ＜input type="button"＞ ＜/form＞	＜label＞定义标签，for 属性指定名称，＜input＞定义元素类型，text 是单行文本输入，radio 是单选，checkbox 代表多选，submit 是提交按钮，button 代表可单击式按钮

12.1.2　CSS 基础

CSS 全称 Cascading Style Sheets，指定 HTML 元素显示的风格和样式。CSS 的语法格式为：

```
selector {property: value}
```

其中，selector 是选择子，如果设定其值为 ♯id，代表 HTML 元素对应的 id；如果其值为. classname，则大括号内代表所有类属性为 classname 的 HTML 元素的显示样式；如果是 elementname. classname，则代表 HTML 元素名 elementname 对应的类名 classname 的显示格式；星号 * 代表所有页面元素；如果是 elementname 则仅适用于该页面元素。property 代表字体(font-size)、颜色(color)以及位置(text-align)等，value 是具体的属性值，比如字体大小等。

CSS 分为内嵌 CSS、内部 CSS 和外部 CSS 三种格式。内嵌式直接将显示样式代码嵌入 HTML 元素定义中，通过 style 关键字设定；内部式 CSS 通过 HTML 的＜head＞部分＜style＞元素指定；而外部式 CSS 通过＜head＞部分的＜link＞元素指定。

【实例 12-2】　内嵌式。

```
＜tag style="property:value;"＞＜/tag＞
```

【实例 12-3】 内部式。

```
< head >
    < style >
        body {color – name: color;}
        h6{margin: margin – size;}
    </style >
</head >
```

【实例 12-4】 外部式。

```
< html >
    < head >
        < link rel = "" href = " * .css">
    </head >
    < body ></body >
</html >
```

CSS 主要元素的含义和说明请参考表 12-3。

表 12-3 CSS 主要元素说明

编号	名称	格 式	含 义

1	字体和大小	selector {
		width：width-size;
		height：height-size;
		font-size：font-size;
		font-family：font-family;
		font-style：font-style;
		align-content：left/center/right;
		}
			width 设定元素宽度，
			height 设定元素高度，
			align-content 设置内容对齐方式，
			font-size 设定字体大小，
			font-family 设定字体类型，
			font-style 设定字体样式

2	背景	selector {
		  background：value;
		}
			background 可以是背景颜色（background-color）；
			背景图片（background-image）；背景位置（background-position）等

	边界	selector {
		  border：value;
		}
			设定元素的边界信息

3	颜色	selector {
		  color：value;
		}
			设定元素的颜色、颜色透明度等信息

4	间隔	selector {
		  margin：value;
		}
			设定元素与上下左右边界的间隔

5	可见性	selector { visibility：visible/hidden;}	设定元素的显示或者隐藏属性

12.1.3　Bootstrap 基础

Bootstrap 是网站开发的前端框架,包括基于 HTML 和 CSS 的模板,用于优化表单、按钮、表格等排版,可以根据设备类型(如手机和计算机)创建自适应设计效果。用户可以从内容分发网络(Content Delivery Network,CDN),如 https://www.bootstrapcdn.com/或者 https://getbootstrap.com/下载 Bootstrap 模板。

1. 自适应显示设置

为保证正确的渲染效果,通常需要在 HTML 的<head>部分增加<meta>说明,其中,width=device-width 将浏览器宽度设置为设备宽度,initial-scale 设置网页初始打开时的放大倍数,如下。

```
< meta name = "viewport" content = "width = device - width, initial - scale = 1">
```

2. 容器

Bootstrap 中,一般需要配置容器(Containers)来包含网站内容,可以在元素的类(class)属性中设置,容器类包括. container 和. container-fluid 两种,前者宽度固定,而后者占浏览器显示的全部宽度。

下面的实例体现了设置全宽容器的方法。

【实例 12-5】　容器设置。

```
<!DOCTYPE html >
< html lang = "en">
    < head >
        < meta name = "viewport" content = "width = device - width, initial - scale = 1">
        < link rel = "stylesheet" href = "https://cdn.jsdelivr.net/npm/bootstrap@5.1.0/
dist/css/bootstrap.min.css">
        < script src = "https://cdn.jsdelivr.net/npm/bootstrap@5.1.0/dist/js/bootstrap.
min.js"></script>
    </head>
    < body >
        < div class = "container - fluid">
            < p>配置 Bootstrap 的操作方法</p>
        </div>
    </body>
</html>
```

如果要为容器包含的内容添加其他属性,如文本颜色和背景色,可以通过在container 后面添加关键字。下面的例子中,bg-primary 设置了蓝色背景,text-white 则将容器内包含内容的字体颜色设置为白色。也可以通过. container-sm、. container-md、. container-lg 和. container-xl 设置基于不同屏幕大小的显示效果。

```
< div class = "container bg - primary text - white"></div >
```

3. 列宽

Bootstrap默认将屏幕划分为12单元列，可以合并单元列调整显示宽度。体现列设置的类主要包括下面五种，其中，单位像素大小约为1/96in或者0.26mm。

col-：超小型设备，屏幕宽度小于576px。

col-sm-*：小型设备，屏幕宽度大于或等于576px，*代表占据的列宽度，范围为0~12。

col-md-*：中型设备，屏幕宽度大于或等于768px；

col-lg-*：大型设备，屏幕宽度大于或等于992px；

col-xl-*：超大设置，屏幕宽度大于或等于1200px。

实例12-6定义了行显示，包括两个区块，一个占宽2列而另外一个占宽10列。

【实例12-6】 网页列框。

```
< div class = "row">
  < div class = "col − lg − 2"></div>
  < div class = "col − lg − 10"></div>
</div>
```

4. 颜色

Bootstrap可以通过颜色类定制显示效果的颜色，导入相关Bootstrap库后在HTML文件中的配置方法，可以参考实例12-7。

【实例12-7】 内部式。

```
< div class = "container">
  < p class = "text − muted">测试文本颜色显示效果</p>
  < p class = "text − primary">测试文本颜色显示效果</p>
  < p class = "text − success">测试文本颜色显示效果</p>
  < p class = "text − info">测试文本颜色显示效果</p>
  < p class = "text − warning">测试文本颜色显示效果</p>
  < p class = "text − danger">测试文本颜色显示效果</p>
</div>
```

测试后可以得到如下不同的颜色显示效果。

```
测试文本颜色显示效果(text − muted)
测试文本颜色显示效果(text − primary)
测试文本颜色显示效果(text − success)
测试文本颜色显示效果(text − info)
测试文本颜色显示效果(text − warning)
测试文本颜色显示效果(text − danger)
```

5. 按钮

Bootstrap支持不同风格的按钮显示，实例12-8显示了通过利用不同类属性设置实现不同按钮效果。

【**实例 12-8**】 按钮显示效果。

```
< button type = "button" class = "btn"></button >
< button type = "button" class = "btn btn-primary"></button >
< button type = "button" class = "btn btn-success"></button >
< button type = "button" class = "btn btn-info"></button >
< button type = "button" class = "btn btn-warning"> Warning </button >
```

6. 菜单

Bootstrap 中可以通过. navbar 类设置菜单属性,. navbar-expand-* 则控制菜单的横向和纵向显示属性,一般设置格式如下。

【**实例 12-9**】 菜单设置。

```
< nav class = "navbar">
  < ul class = "navbar-nav">
    < li class = "nav-item">
      < a class = "nav-link" href = "#"></a>
    </li>
  </ul>
</nav >
```

7. 隐藏

Bootstrap 通过. collapse 类设置网页内容的显示和隐藏属性,可以利用 data-toggle＝ "collapse"声明,而 data-target 可以实现显示目标对象或者隐藏目标对象显示的目的,请参考实例 12-10。

【**实例 12-10**】

```
< button data-toggle = "collapse" data-target = "#"></button >
```

8. 窗体

Bootstrap 通过. form-group 和. form-control 定义窗体(form)显示,窗体可以包含用户输入、文本框以及选择等项目。窗体整体添加. was-validated 或者. needs-validation 类说明进行有效性检查,而在具体元素中配置. valid-feedback 或者 . invalid-feedback 可以提醒用户失效的具体内容。

实例 12-11 对用户输入进行检查,在单击"登录"按钮后检查输入内容的有效性,并提示出错信息。

【**实例 12-11**】 用户窗体。

```
< form action = "" class = "needs-validation">
  < div class = "form-group">
```

```
    < label for = "用户名">用户名:</label >
    < input type = "text" class = "form - control" id = "用户名" placeholder = "请输入用户名"
name = "用户名" required >
    < div class = "valid - feedback"></div >
    < div class = "invalid - feedback"></div >
  </div >
  < div class = "form - group">
    < label for = "密码">登录密码:</label >
    < input type = "password" class = "form - control" id = "密码"placeholder = "请输入密码"
name = "密码" required >
    < div class = "valid - feedback"></div >
    < div class = "invalid - feedback"></div >
  </div >
  < button type = "submit" class = "btn">登录</button >
</form >
```

9. 弹出窗体

Bootstrap 通过配置弹出窗体类（Modal）声明对特定页面元素操作后的弹出窗体属性。实例 12-12 说明了单击按钮后弹出窗体的设置方法。

【实例 12-12】 用户窗体。

```
< button type = "button" class = "btn btn - primary" data - toggle = "modal" data - target =
" # "></button >
<!-- 弹出窗体 -->
< div class = "modal" id = " # ">
  < div class = "modal - dialog">
    < div class = "modal - content">
//弹出窗体的内容
    </div >
  </div >
</div >
```

12.1.4　JavaScript 基础

JavaScript 是网页编程语言，决定网页元素的动作。HTML 页面中通过< script ></script >指定 JavaScript 内容，通过//或者 /*　*/执行代码的备注功能，并且区分大小写。

1. 变量

JavaScript 使用关键字 var、let 或者 const 定义变量，变量可以是数值、字符串或者对象类型，对象类型通常包含多个元素，访问对象类型的指定元素时可以使用命令 object.property 或者 object["property"]，其中，property 是对象的元素属性。

【**实例 12-13**】 定义变量。

```
< label id = "nameid"></label >
< script >
    var name = {firstName:"firstName", lastName:"lastName"};
    document.getElementById("nameid").innerHTML = name ;
</script >
```

2. 函数

函数通过关键字 function 定义,括号内指定参数信息,函数内部执行运算或者操作,通过 return 返回结果。

```
function funname(para1, para2,..., paran) {
  //函数运算主代码
  return result;
}
```

3. 事件

事件(event)记录 HTML 元素的状态或者动作变化,JavaScript 代码可以检测到事件的发生并触发特定代码的执行,代码格式为:

```
< element - name event = 'JavaScript Code'>
```

这里的事件可以是单击元素(onclick)、元素改变(onchange)、鼠标置于元素上方(onmouseover)、鼠标移出元素(onmouseout)以及按下键盘键(onkeydown)等事件。

4. 异常处理

JavaScript 通过 try 关键字测试代码执行中发生的错误,catch 关键字捕捉异常信息,throw 关键字创建定制化错误信息,无论结果如何,finally 关键字后面的代码都会被执行,通用格式如下。

```
try {     }
catch(err) {      }
finally {      }
```

异常的类型包括数值超限(Range Error)、无效参考(Reference Error)、语法错误(Syntax Error)以及类型错误(Type Error)等。

5. 条件判断

JavaScript 中遇到条件分歧时,通过 if 关键字指定条件信息,多个条件场景下使用 else if 关键字限定,最后一个条件使用关键字 else,其中,else if 和 else 为可选关键字,语法格式如下。

```
if () { }
else if () { }
else { }
```

6. 类

类通过关键字 class 定义，内部一般包括 constructor()函数和其他函数定义，类对象被创建时会调用 constructor()函数，创建类对象可以通过 new ClassName(parameter-list)实现，constructor()函数执行变量的初始化操作，其他函数执行非初始化类型的操作。

```
class ClassName {
  constructor(parameter - list) { }
  function_1(parameter - list) { }
...
  function_n(parameter - list) { }
}
```

12.1.5 jQuery 基础

jQuery 是 JavaScript 库，近几年得到越来越多开发者的青睐，可以参考 https://jquery. com/或者其他 CDN 获取更多信息，使用 jQuery 库，需要在 HTML 的< head >部分添加< script src= "link to jquery"></script >声明。

1. 基本语法

jQuery 的基本语法可以表达为 $(selector). action()，其中，$ 表示 jQuery，selector 指定 HTML 页面的元素信息，而. action 则表示对该元素执行的操作。比如 $("♯").hide()表示对页面 id 为♯的元素执行隐藏操作。

在对页面元素执行操作之前，一般需要相关准备步骤，比如元素加载完毕和文件读取完成等。因此为防止页面诸要素在没有准备好的条件下启动操作，通常使用下面的方法声明。

```
$(document).ready(function(){
  //jQuery 操作
});
```

实例 12-14 通过 jQuery 实现单击页面元素后动态隐藏元素的目的。

【实例 12-14】 动态隐藏元素。

```
$(document).ready(function(){
  $("element").click(function(){
    $(this).hide();
  });
});
```

2. 事件

jQuery 事件是用户对特定元素执行的操作,比如鼠标单击页面元素(.click())、鼠标双击(dblclick())、光标移动到特定元素内部(.mouseenter())以及页面元素不再成为编辑对象(blur())等。

3. 回调函数

回调函数是页面元素执行完当前操作后的下一个操作,基本语法是 $(selector).function(function-parameter,callback),其中,function 是页面元素 selector 的当前操作,而 callback 是接下来的操作内容。

实例 12-15 中,单击页面元素♯后,按钮 button 以参数 parameter 隐藏,此动作结束以后再执行回调函数 function()的操作。

【实例 12-15】 回调函数。

```
$("♯").click(function(){
  $("button").hide("parameter", function(){
      });
});
```

4. jQuery 与 JavaScript 的区别

jQuery 在表达方式上与 JavaScript 存在区别,下面举例说明。

【实例 12-16】 获取页面 id 组件。

```
$("♯id");                                  //jQuery
document.getElementById("id");             //JavaScript

$("♯id").text();                           //jQuery,获取组件文本信息
$("♯id")..val();                           //jQuery,获取组件内容
document.getElementById("id").textContent; //JavaScript,获取组件文本信息
```

【实例 12-17】 获取页面标签组件。

```
$("tag");                                  //jQuery
document.getElementsByTagName("tag");      //JavaScript
```

【实例 12-18】 获取页面类组件。

```
$(".classname");                           //jQuery
document.getElementsByClassName("classname"); //JavaScript
```

【实例 12-19】 获取页面特定元素的特定类组件。

```
$("selector.classname");                   //jQuery
document.querySelectorAll("selector.classname"); //JavaScript
```

12.1.6　AJAX 基础

AJAX 代表 Asynchronous JavaScript and XML，用户通过 AJAX 可以在不重新加载全部页面的条件下，更新网页内容，因此可以提升系统处理的效率。常用的 AJAX 函数可以参考表 12-4。

表 12-4　AJAX 函数

编号	函 数 定 义	举　例	说　明

1	$.ajax({name:value,name:value,... })	$("element").click(function(){
		　$.ajax({url: "",success: function(out){
		　　$("#").html(out);
		　}});
		});
			单击页面元素 element 后，更新元素 # 的内容

2	$.get(URL,data,callback(data,status,XMLHttpRequest),dataType)	$("element").click(function(){
		　$.get("",function(data,status){
		　});
		});
			发送 Http 请求并返回结果

3	$(selector).load(url,data,callback(response,status,MLHttpRequest))	$("element").click(function(){ 　$("#").load(""); });	单击 element 元素后，加载数据给元素 #

12.2　部署商务智能应用

智能客服的部署方式比较多样化，可以作为组件嵌入到其他应用程序，也可以部署到定制网站，下面分别介绍如何新创建智能客服应用，从而使其能够集成为网站功能的一部分，以及如何将通过 PyCharm 训练后的智能客服部署到网站。

12.2.1　部署流程型商务智能应用

首先使用上面的 HTML、CSS 和 JavaScript 知识创建一个定制化网站主页 index.html，并设计智能客服的对话流程以及动作函数的定义。

（1）定义页面元素和显示风格，主要代码如下。

```
< head >
    < title >智能医疗客服</title>
    < meta charset = "UTF-8">
    < meta name = "viewport" content = "width = device-width, initial-scale = 1, maximum-scale = 1, minimum-scale = 1">
    < link href = "https://fonts.googleapis.com/css?family = Roboto" rel = "stylesheet">
```

```
< link rel = "stylesheet" type = "text/css" href = "static/jquery.css">
< link rel = "stylesheet" href = "https://maxcdn.bootstrapcdn.com/bootstrap/3.3.7/css/
bootstrap.min.css" >
< link rel = "stylesheet" type = "text/css" href = "static/chatbot.css">
< style >
    @import url('./static/css/style.css');
    @import url('./static/css/font.css');
</style >
         <!-- 设置网站的定制化显示样式内嵌式 CSS -->
   < style >
    .button1 {
       border: none;
       color: white;
       background - color:blue;
       padding: 5px 16px;
       text - align: center;
       text - decoration: none;
       display: block;
       font - size: 20px;
       margin: 1px 1px;
       cursor: pointer;
       font - family:kaiti;
       position: absolute;
       left: 200px;

    }
    .button2 {
       border: none;
       color: white;
       background - color:blue;
       padding: 5px 16px;
       text - align: center;
       text - decoration: none;
       display: inline - block;
       font - size: 20px;
       margin: 1px 1px;
       cursor: pointer;
       font - family:kaiti;
       position: absolute;
       left: 350px;

    }
    .button3 {
       border: none;
       color: white;
       background - color:blue;
       padding: 5px 16px;
       text - align: center;
```

```
    text - decoration: none;
    display: inline - block;
    font - size: 20px;
    margin: 1px 1px;
    cursor: pointer;
    font - family:kaiti;
    position: absolute;
    left: 500px;

}
.button4 {
    border: none;
    color: white;
    background - color:blue;
    padding: 5px 16px;
    text - align: center;
    text - decoration: none;
    display: inline - block;
    font - size: 20px;
    margin: 1px 1px;
    cursor: pointer;
    font - family:kaiti;
    position: absolute;
    left: 650px;

}

.button:hover {
    background - color: purple;
    color: white;
}

.bot - header{
    background - color: white;
    padding: 10px;
    text - align: center;
    font - size: 40px;
    font - family:kaiti;
    font - weight: bold;
    letter - spacing: 5px;
}

.bot - menu{
    text - align: center;
    font - size: 20px;
    font - family:kaiti;
}
</style>
```

```
</head>
<body>

    <div class = "container">
       <div class = "bot - header">
         智能客服对话系统
       </div>

       <div id = "bot - menu">
         <button class = "button1">功能概要</button>
         <button class = "button2">服务一览</button>
         <button class = "button3">常见问题</button>
         <button class = "button4">用户注册</button>
         <hr>
         <br>
       </div>

       <div class = "bot - menu">
          <hr>
         <h3>客服优点：</h3>
       </div>

       <div class = "bot - menu">
       <ul>
       <a id = "summary">&#x25BC;自动回复 &#x25BC;  </a>
       <a id = "summary">&#x25BC;提升效率 &#x25BC;  </a>
       <a id = "summary">&#x25BC;节约成本 &#x25BC;  </a>
       <a id = "summary">&#x25BC;自我学习 &#x25BC;  </a>
       </ul>
       </div>
    </div>
```

（2）定义智能客服对话流程，主要代码如下。

```
<select message_interaction = "尊敬的客户,您好!我是智能客服,请选择选项继续对话。" name =
"greeting">
        <option value = "noproblem">没有问题</option>
        <option value = "continue">请继续</option>
</select>

<input type = "text" name = "name" message_interaction = "请输入您的姓名。| 感谢您的惠顾,
您的姓名。">
<input type = "text" message_interaction = "您好, {name}:0。很高兴能够为您服务。接下来请
输入您要咨询的信息类型。" data - no - answer = "true">

<select name = "selectquery" message_interaction = "请问您要咨询哪类信息?" multiple>
```

```html
        < option value = "新冠肺炎传播途径">新冠传播途径</option >
        < option value = "新冠肺炎预防方法">新冠预防方法</option >
        < option value = "新冠肺炎疫苗有效性">新冠疫苗有效性</option >
        < option value = "新冠肺炎潜伏期">新冠潜伏期</option >
</select >

< select name = "querymedical" recallFunction = "storeState" message_interaction = "很好,您
是一位医学工作者吗?">
        < option value = "yes">是</option >
        < option value = "no">否</option >
</select >

< input type = "text" message_interaction = "您是一位医学工作者,新冠肺炎疫情的解决需要您
们的帮助。" data - no - answer = "true">
< select name = "queryfamily" message_interaction = "理解了,谢谢您提供的信息。您的亲戚朋
友从事医疗工作吗?">
        < option value = "yes">有</option >
        < option value = "no">没有</option >
</select >

< input type = "text" message_interaction = "下面请允许我咨询一些关于您的个人信息,方便后
续联系沟通。" data - no - answer = "true">
< input message_interaction = "请输入您的电子邮箱" emailRegex = "^[a - zA - Z0 - 9.!♯ $ % &'
* _{|}~ - ] + @[a - zA - Z0 - 9_] + \. [a - zA - Z0 - 9_] + (?:\. [a - zA - Z0 - 9 - ] + ) * " id =
"email" type = "email" name = "email" required placeholder = "What's your e - mail?">
< input message_interaction = "请输入您的家庭住址" type = "address" id = "address" name =
"address" >

< select message_interaction = "请选择您期望使用的搜索平台:">
        < option value = "baidu" recallFunction = "baidu"> baidu </option >
        < option value = "cnki" recallFunction = "cnki"> cnki </option >
</select >

< select name = "search" message_interaction = "您希望我们使用指定的搜索引擎帮您查询信息
吗?">
        < option value = "yes" recallFunction = "searchPrimary">是</option >
        < option value = "no" recallFunction = "searchSecondary">否</option >
</select >

< select message_interaction = "感谢您使用智能客服平台服务。" id = "">
        < option value = "">非常感谢,欢迎继续下次光临。</option >
</select >
```

（3）定义智能客服动作函数，主要代码如下。

```javascript
< script >
    function baidu(status, ready) {
        window.open("https://www.baidu.com");
```

```
        ready();
    }
    function cnki(status, ready) {
        window.open("https://www.cnki.net");
        ready();
    }
    var statusTo = false;
    var statusFrom = false;
    function storeState(status, ready) {
        statusTo = status.current;
        ready();
    }
    function searchPrimary(status, ready) {
        if(statusTo!= false) {
            if(statusFrom == false) {
                statusFrom = status.current.next;
            }
            status.current.next = statusTo;
        }
        ready();
    }
    function searchSecondary(status, ready) {
        if(statusFrom != false) {
            status.current.next = statusFrom;
        }
        ready();
    }
</script>
<script>
    jQuery(function( $ ){
        interactiveChat = $('#chatdialog').chatbotInteract({parameterChoice: 'disable'});
    });
</script>
```

12.2.2　部署训练型商务智能应用

根据第 11 章的模型训练结果，接下来进行更新部分内容，然后部署到网站。

（1）编辑 credentials.yml 文件，更新如下内容。

```
socketio:
  user_message_evt: user_uttered
  bot_message_evt: bot_uttered
  session_persistence: true

rasa:
  url: "http://localhost:5002/api"
```

（2）项目目录下新创建网站模板文件 index.html，主要代码如下。

```html
<html>
<head>
    <meta charset = "UTF-8">
</head>
<body>
    <div class = "chat-container"></div>
    <script type = "text/JavaScript">
        var chatroom = new window.Chatroom({
            host: "http://localhost:5005",
            title: "智能医疗客服",
            container: document.querySelector(".chat-container"),
        welcomeMessage: "请输入您要咨询的问题.",
    });
        chatroom.openChat();
    </script>
</body>
</html>
```

（3）在 PyCharm 的 Terminal 窗口执行以下命令。

```
rasa run -m models --enable-api --cors "*"
```

确认模型文件可以正确加载，参见图 12-1。

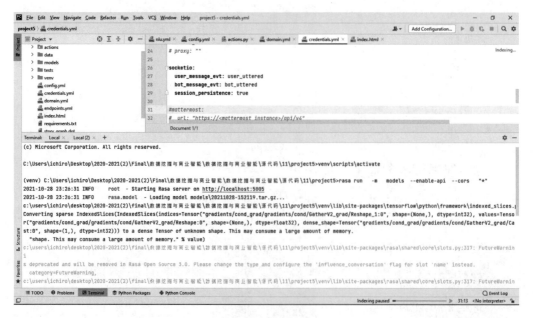

图 12-1　模型加载

确认 Rasa Server 正常启动，参见图 12-2。

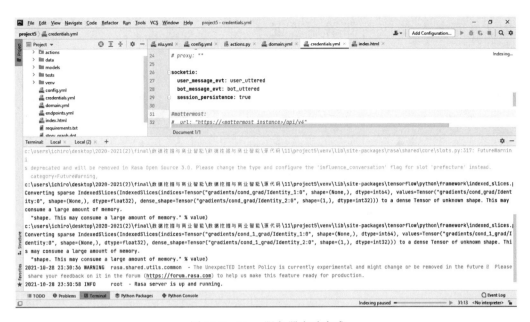

图 12-2　Rasa 服务器启动完成

（4）打开新的 Terminal 窗口执行命令，确认 HTTP 服务器启动完成，参见图 12-3。

```
python  -m  http.server
```

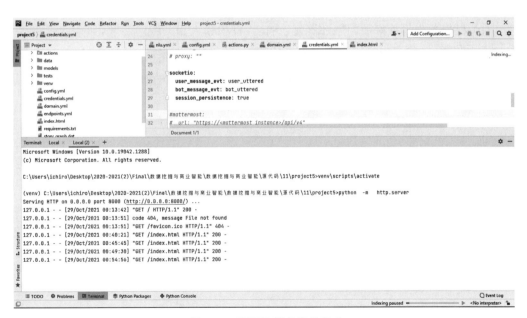

图 12-3　HTTP 服务启动完成

12.3 商务智能应用部署后验证

12.3.1 基于流程型部署验证

（1）完成智能客服问题和答复流程创建后，即可启动网站进行验证。双击 index.html 文件，确认页面启动，参见图 12-4。

图 12-4 启动流程型智能客服

（2）根据预先设置好的问题和答复，在输入框中输入相关咨询问题，如果问题格式不符合正则化要求，信息框中则显示红色字体信息，参见图 12-5。

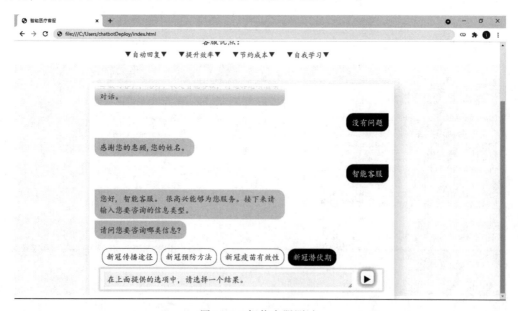

图 12-5 智能客服测试

（3）输入其他咨询问题，验证智能客服的自动答复符合预先设定的流程，参见图 12-6 以及图 12-7。

图 12-6 智能客服异常测试

图 12-7 完成智能客服测试

12.3.2 基于训练型部署验证

（1）根据训练结果，打开新网页输入网址 localhost:8000/index.html，确认智能客服在网页中正常启动，参见图 12-8。

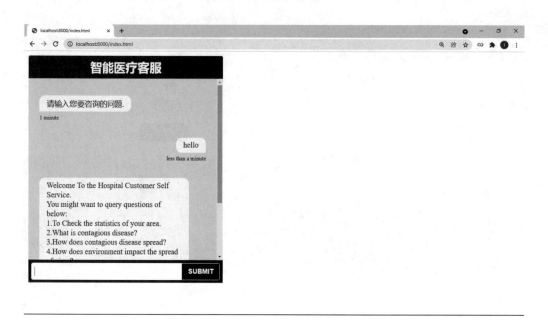

图 12-8　启动基于模型训练结果的智能客服

　　（2）输入咨询问题，测试并验证智能客服的应答结果，变化提问内容，设计与语料近似的提问内容，验证智能客服应答的健壮性，参见图 12-9 以及图 12-10。

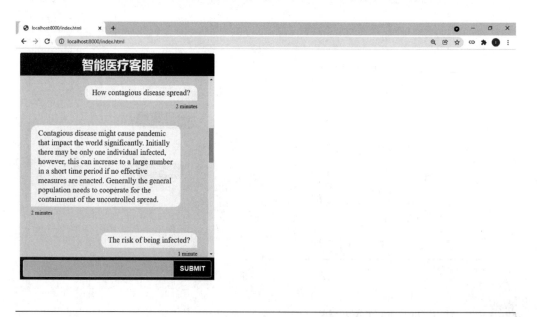

图 12-9　测试智能客服

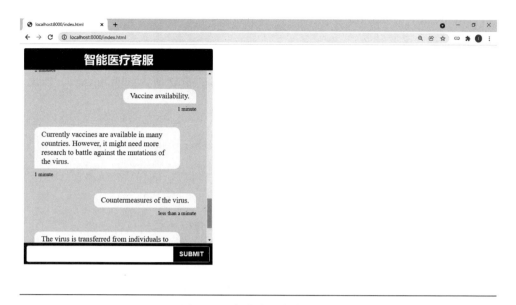

图 12-10　智能客服鲁棒性测试

小结

本章介绍了部署智能客服应用所需的技术基础,通过实例说明智能客服的部署方法。

关键术语

HTML、CSS、JavaScript、Bootstrap、jQuery

习题

1. HTML 的全称。
2. 描述 HTML 元素< p ></ p >的含义。
3. 描述 HTML 元素< a href＝""></ a >的含义。
4. 描述 HTML 元素< tag style＝"property：value；">的含义。
5. 描述 HTML 元素<! ——　　　——>的含义。
6. 描述 HTML 元素< table style＝"">的含义。
7. 描述 HTML 元素< ul >和< ol >的区别。
8. 描述 HTML 元素< var ></ var >的含义。
9. CSS 表达 selector ﹛property：value﹜中,当 selector 值为♯id 时的含义是什么?
10. CSS 表达 selector ﹛property：value﹜中,当 selector 值为.classname 时的含义是什么?

11. CSS 表达 selector｛property：value｝中，当 selector 值为 elementname.classname 时的含义是什么？

12. CSS 表达 selector｛property：value｝中，当 selector 值为 * 时的含义是什么？

13. CSS 表达 selector｛property：value｝中，当 selector 值为 elementname 时的含义是什么？

14. CSS 有哪三种显示格式？

15. 在 HTML 页面中，如何指定一段代码为 JavaScript？

16. JavaScript 的备注如何表示？

17. JavaScript 如何定义变量？

18. 简述 JavaScript 的函数定义方法。

19. 简述 JavaScript 代码检测事件的发生并触发特定代码的执行格式。

20. 简述 JavaScript 的异常处理方法。

21. 参考教材范例，选用其他题材，部署基于流程型的智能客服应用。

22. 参考教材范例，选用其他题材，部署基于网页型的智能客服应用。

附录 A

学生上机手册

在执行本书各章的实战实例前,需要提前安装相关软件以及配置环境,各实例在 Python 3.6.5 环境下验证通过,下面分别介绍学生上机需要执行的操作步骤。执行部分实例需要安装 TensorFlow 库,TensorFlow 版本发生变化的情况,可以参考具体章节的 requirements.txt 文件。

A.1 Python 安装

(1) Python 环境是执行本书实例的前提条件之一,Python 安装包可以从官网 https://www.python.org/下载。从官网主页菜单选择 Downloads→All Releases,跳转到版本列表页面,目前最新版本是 3.9.6,下面的安装步骤演示以 3.6.5 版本为例,参见附图 A-1。

(2) 双击下载完成的安装包,弹出如附图 A-2 所示界面,如果选择 Install Now,则系统按照图示默认路径进行安装,如果选择 Customize installation,则用户可以定制化 pip、IDLE、test suite、documentation、py launcher 等选项进行安装。这里选择系统默认安装方式和安装路径,并勾选 Install launcher for all users 和 Add Python 3.6 to PATH 复选框,如果 Add Python x.x to path 复选框没有选中,则安装完成以后还需要手动配置环境变量,指定 Python 的所在路径,否则程序无法找到 Python 路径将无法正常运行。安装完成后启动命令行窗口输入 python 命令后回车,如果界面显示的版本信息与安装版本信息一致,则表明安装成功,如果没有版本信息显示,则安装不成功,需要在控制面板中卸载后调查原因重新安装。

(3) 选择 Install Now 以后系统自动开始安装,参见附图 A-3。

(4) 安装成功后界面提示信息,参见附图 A-4。

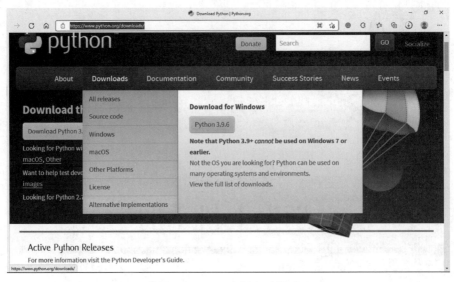

附图 A-1　Python 版本下载页面

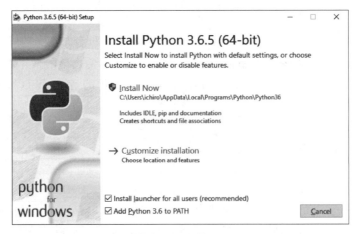

附图 A-2　安装选项

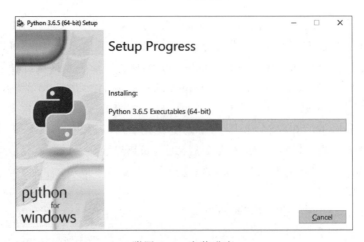

附图 A-3　安装进度

附图 A-4　安装完成

（5）确认 Python 安装路径在系统环境变量中已经自动追加。打开 Control Panel→System and Security，参见附图 A-5。

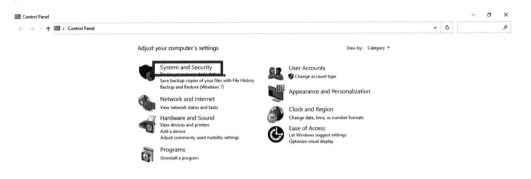

附图 A-5　控制面板系统与安全界面

（6）在弹出的 System and Security 画面选择 System，参见附图 A-6。

（7）在弹出的 System 画面选择 Advanced system settings，参见附图 A-7。

（8）在弹出的 System Properties 画面单击 Environment Variables 按钮，参见附图 A-8。

（9）在 Environment Variables 弹出画面选择 Path，然后单击 Edit 按钮，参见附图 A-9。

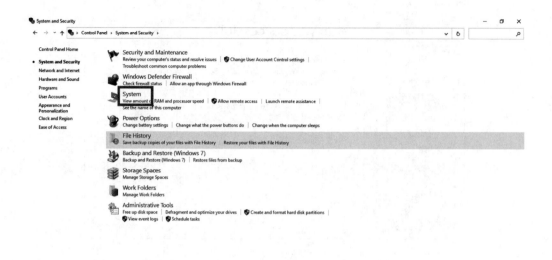

附图 A-6　控制面板系统界面

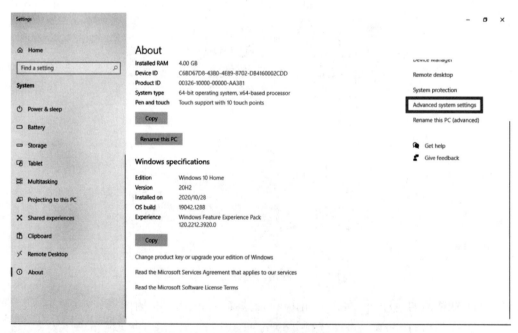

附图 A-7　控制面板高级系统设置页面

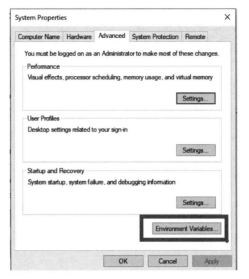

附图 A-8　环境变量设置界面

附图 A-9　编辑环境变量

（10）在弹出画面的列表中，查找安装的 Python 版本信息，确认 Python 路径和 Scripts 路径与上述选择一致，参见附图 A-10。至此，Python 环境变量路径的确认已经完成。如果用户在上面安装中没有选中将 Python 追加到路径的选项，则安装结束以后需要到该环境变量设置界面手动添加 Python 路径和 Scripts 路径。用户也可以在控制面板卸载 Python 安装后，返回环境变量界面确认相应 Python 路径信息删除。Python 安装结束后可以启动命令行窗口，输入命令 python 后回车查看当前使用的 Python 版本信息。

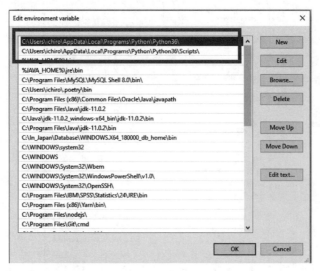

附图 A-10　确认环境变量设置内容

A.2　PyCharm 安装

PyCharm 是应用程序的集成开发环境，目前支持 Python 语言，在 PyCharm 环境中，用户可以同时编辑多个项目，每个项目根据实际需求可以设置相应的开发环境并安装对应的工具包，避免不同项目之间产生干扰。

PyCharm 可以在网址 https://www.jetbrains.com/products 下载，本书使用 Community 版本，地址为 https://www.jetbrains.com/pycharm/download/♯section= windows，如附图 A-11 所示。下载以后双击启动，可以选择系统默认值安装应用，也可以进行定制化安装。

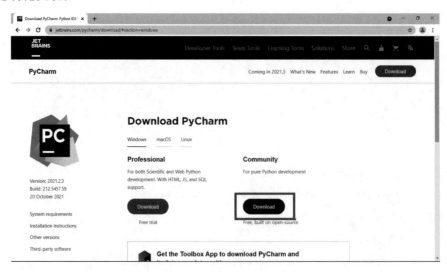

附图 A-11　PyCharm 下载页面

A.3　PyCharm 环境配置

利用 PyCharm 集成开发工具,可以先创建工程项目,以项目为基础生成虚拟环境,在创建的环境上安装需要的库文件,这样不同的虚拟环境之间可以独立工作,不会发生因为库文件不兼容而导致程序无法运行的情况,本书提供的实例在虚拟环境下运行,下面介绍主要操作步骤。

(1) 选择菜单选项 File→New Project,参见附图 A-12。

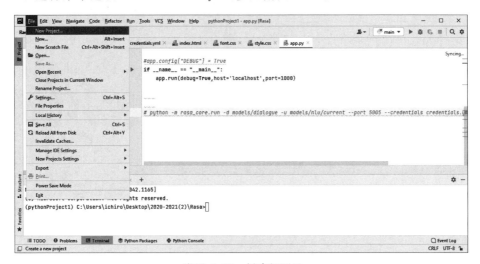

附图 A-12　创建新项目

(2) 在弹出的窗口 Location 中选择安装路径,New environment using 选择 Virtualenv 以及虚拟环境的安装位置,Base interpreter 处选择已经安装的 Python 版本信息,注意不能选择系统标识为 Invalid 的版本。然后单击 Create 按钮,参见附图 A-13。

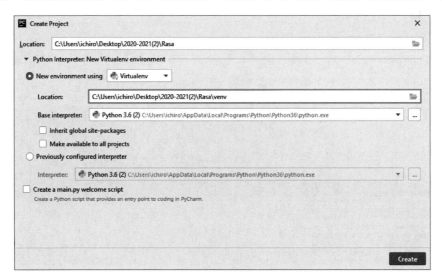

附图 A-13　设置项目名称和虚拟环境路径

（3）在弹出的窗口 Open Project 中选择创建方式，This Window 表示将在已经打开的窗口中创建新项目，原来显示的项目信息将被清除。New Window 则表示新项目在新窗口中打开。Attach 表示新创建的项目附加在已经打开的项目窗口后面，如果原来系统中已经存在项目，则旧的项目信息也不会丢失。本次选择 Attach 选项，将新创建的项目添加到既有项目清单的后面，参见附图 A-14。

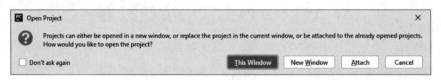

附图 A-14　附加项目

（4）创建好的项目将与现有项目合并，并显示在同一窗口中，参见附图 A-15。

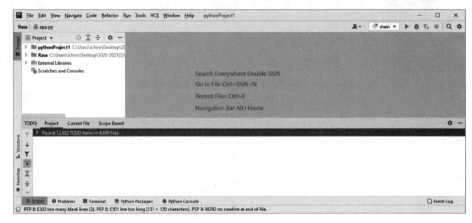

附图 A-15　项目合并结果

（5）单击 Terminal 标签，在命令行窗口输入"virtualenv venv"。如果无法运行 virtualenv 命令，可以先执行 pip install virtualenv 安装虚拟环境库，安装成功以后再执行 virtualenv 命令，参见附图 A-16。

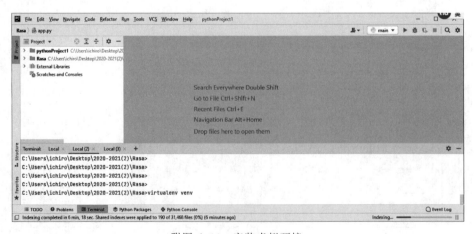

附图 A-16　安装虚拟环境

（6）输入"venv\scripts\activate"，激活虚拟环境，参见附图 A-17。

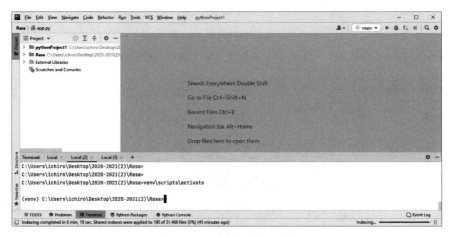

附图 A-17　激活虚拟环境

（7）虚拟环境安装并完成激活，在激活条件下可以执行 pip 安装各种项目所需的库文件。如果需要从虚拟环境中推出，可以执行 deactivate 命令。

A.4　实例上机操作步骤

环境安装完成以后，需要提前执行 pip install -r requirements.txt 完成相应库文件的安装，requirements.txt 文件中定义了项目的整体库文件版本信息，库文件安装成功后可以执行各章节实例代码。

（1）后缀名为 *.py 的文件。

在虚拟环境下，切换到各章源代码所在路径，执行 python　*.py 命令，获得执行结果。附图 A-18 是第 1 章代码的执行效果图。

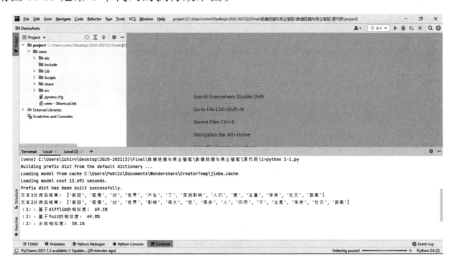

附图 A-18　实例执行效果

（2）后缀名为＊.ipynb 的源代码文件。

① 首先,在虚拟环境下运行命令 pip install jupyter 安装 jupyter notebook。然后切换到源代码所在路径,执行 jupyter notebook 命令,启动 notebook 浏览器页面,参见附图 A-19。

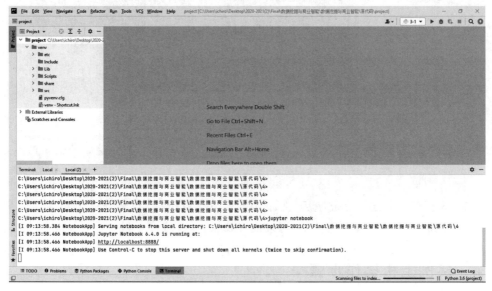

附图 A-19　启动 notebook

② jupyter 浏览器打开以后,会自动捕捉到当前路径下包括＊.ipynb 在内的文件信息,参见附图 A-20。

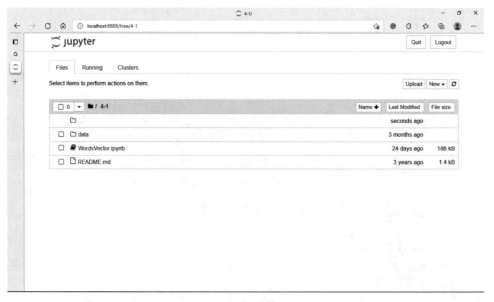

附图 A-20　自动识别文件

③ 单击打开 ∗.ipynb 文件,选择 Cell→Run All 菜单,运行代码并获得结果,参见附图 A-21 以及附图 A-22。

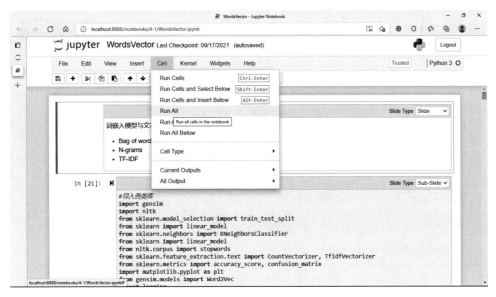

附图 A-21 运行实例

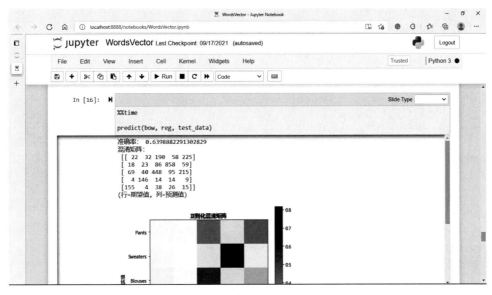

附图 A-22 检查运行结果

(3) 后缀名为 ∗.ipynb 的源代码文件,例如第 10 章,如果在本地环境运行速度比较慢,也可以通过上传到谷歌驱动(Google Drive)平台上,然后选择 Google Colab 执行,可以提升处理效率。Colab 画图默认无法正常输出中文字体,需要另行安装对中文的支持库。下面介绍主要操作步骤。

① 下载并安装 Google Chrome,地址为 https://www.google.com/chrome/,参见附

图 A-23。

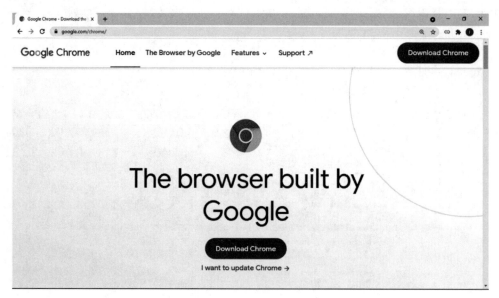

附图 A-23　谷歌浏览器下载

② 安装 Google Colab 到 Chrome 浏览器，打开网页 https：//chrome.google.com/webstore/，在左上方搜索框中输入"Colab"，然后选择添加到 Chrome 浏览器，确认浏览器右上方生成 Google Colab 的黄色圆圈图像标识符，参见附图 A-24。

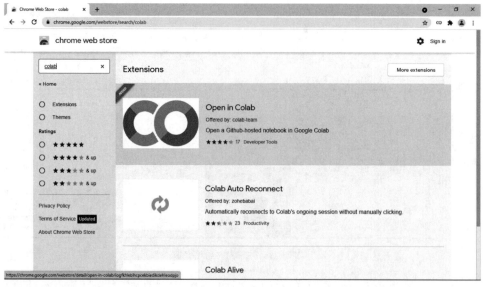

附图 A-24　安装 Colab

③ 注册 Google Drive 账户，地址为 https：//drive.google.com/。注册成功以后登录到 My Drive，然后将后缀名为 ＊.ipynb 的源代码上传，在文件上右键单击选择 Open With→Google Colaboratory，参见附图 A-25。

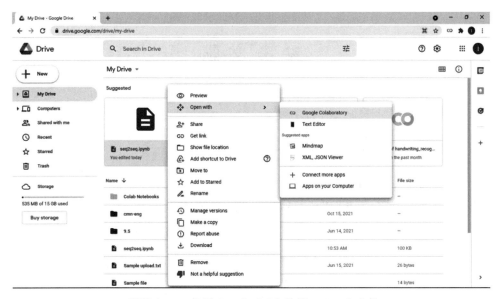

附图 A-25　使用 Google Colab 执行 * . ipynb 文件

④ Colab 界面打开以后,在上方菜单选择 Runtime→Run all,运行代码获得结果,参见附图 A-26。

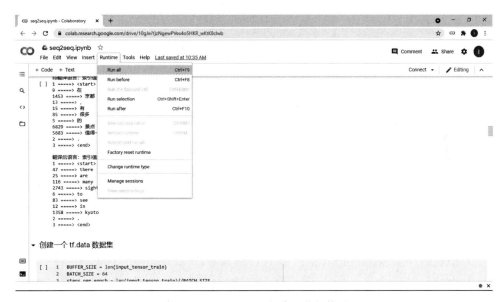

附图 A-26　Colab 运行代码获得结果

参 考 文 献

［1］ 宗成庆.统计自然语言处理[M].2版.北京：清华大学出版社,2013.

［2］ 方巍.Python数据挖掘与机器学习实战[M].北京：机械工业出版社,2019.

［3］ 涂铭,刘详,刘树春.Python自然语言处理实战核心技术与算法[M].北京：机械工业出版社,2018.

［4］ 蔡义发.自然语言理解的研究与发展[J].计算机应用与软件,1992,03：1-6.

［5］ 黄民烈,黄斐,朱小燕.现代自然语言生成[J].中文信息学报,2021,35(01).

［6］ 李雪晴,王石,王朱君,等.自然语言生成综述[J].计算机应用,2021,41(5)：1227-1235.

［7］ 周强.汉语句法树库标注体系[J].中文信息学报,2004,18(04)：1-8.

［8］ 清华大学计算机系智能技术与系统国家重点实验室.汉语句子的功能语块标注规范[EB/OL].(2000)[2021-03-01].http://cslt.riit.tsinghua.edu.cn/～qzhou/corpus/FuncChunkS cheme.pdf.

［9］ 清华大学计算机系智能技术与系统国家重点实验室.汉语句子的句法树标注规范[EB/OL].(2000)[2021-03-05].http://cslt.riit.tsinghua.edu.cn/～qzhou/corpus/TreebankSch eme.pdf.

［10］ 清华大学计算机系智能技术与系统国家重点实验室.汉语句子的并列结构标注规范[EB/OL].(2002)[2021-03-02].http://cslt.riit.tsinghua.edu.cn/～qzhou/corpus/CSScheme.p df.

［11］ 周强.清华大学信息技术研究院语言资源[EB/OL].(2002)[2021-02-12].http://cslt.riit.ts inghua.edu.cn/～qzhou/chs/Resources.htm.

［12］ 中华人民共和国国家标准.信息处理用现代汉语词类标记规范[EB/OL].(2006)[2021-02-http://www.moe.gov.cn/ewebeditor/uploadfile/2015/01/13/20150113085826365.pdf.

［13］ 中华人民共和国中央人民政府.国务院关于印发新一代人工智能发展规划的通知[EB/OL].(2017)[2021-01-24].http://www.gov.cn/zhengce/content/2017-07/20/content_5 211996.htm.

［14］ YOSHUA B,REJEAN D,PASCAL V,et al. A Neural Probabilistic Language Model[J]. Journal of Machine Learning Research,2003,03：1137-1155.

［15］ KYUNGHYUN C,VAN M B,CAGLAR G,et al. Learning Phrase Representations us ing RNN Encoder-Decoder for Statistical Machine Translation[J]. arXiv,2014,14 06.1078.

［16］ ANDREW M L,RAYMOND D E,PETER P T,et al. Proceedings of the 49th An nual Meeting of the Association for Computational Linguistics：Human Language Technologies [C]. USA Portland：Association for Computational Linguistics,2011,142-150. http://www.aclweb.org/anthology/P11-1015.

［17］ ANDREW M L,RAYMOND D E,PETER P T,et al. Learning Word Vectors forSentiment Analysis[C].[S.l.]：The 49th Annual Meeting of the Association for Comput ational Linguistics(ACL 2011).

［18］ 佚名.Keras深度学习库应用编程接口[EB/OL].(2015)[2021-03-14].https://keras.io/api/.

［19］ AAKASH K N,SAYAK P. Keras深度学习字体识别范例[EB/OL].(2021-08-16)[2021-03-14].https://keras.io/examples/vision/handwriting_recognition.

［20］ 佚名.中文医疗对话数据集[EB/OL].(2019-12-24)[2021-03-18].https://github.com/T oyhom/Chinese-medical-dialogue-data.

［21］ 佚名.Github智能客服项目[EB/OL].(2021-03-11)[2021-03-20].https://github.com/p p641/chatbot.

［22］ FRANCOIS C. Keras 英语-西班牙语翻译项目［EB/OL］.（2021-05-26）［2021-08-20］. htt ps：//
keras. io/examples/nlp/neural_machine_translation_with_transformer.

［23］ Rasa Technologies. Rasa 技术接口文档［EB/OL］.（未知）［2021-03-20］. https：//rasa. co m/docs/
rasa/.

［24］ 佚名. TensorFlow 技术接口文档［EB/OL］.（2015）［2021-03-21］. https：//www. tensorflow. org/
api_docs/python.

［25］ 佚名. TensorFlow 技术接口文档［EB/OL］.（2015）［2021-03-22］. https：//www. tensorflow. org/
tutorials/text/nmt_with_attention.

［26］ 佚名. TensorFlow 技术接口文档［EB/OL］.（2015）［2021-03-22］. https：//www. tensorflow. org/
guide/basic_training_loops? hl＝zh_cn.

［27］ 佚名. TensorFlow 技术接口文档［EB/OL］.（2015）［2021-03-23］. https：//www. tensorflow. org/
api_docs/python/tf/.

［28］ CHARLES K. 双语语言语料库［EB/OL］.（1997）［2021-04-02］. http：//www. manythings. org/
anki/.

［29］ 佚名. TensorFlow 技术接口文档［EB/OL］.（2015）［2021-03-24］. https：//www. tensorflow. org/
versions/r2. 6/api_docs/python/tf? hl＝th.

［30］ Kaggle Inc. Kaggle 技术文档［EB/OL］.（2021）［2021-01-11］. https：//www. kaggle. com.

［31］ University of Bern. IAM 数据集［EB/OL］.（2019-05-28）［2021-01-15］. https：//fki. tic. h eia-fr.
ch/databases/iam-handwriting-database.

图 书 资 源 支 持

感谢您一直以来对清华版图书的支持和爱护。为了配合本书的使用，本书提供配套的资源，有需求的读者请扫描下方的"书圈"微信公众号二维码，在图书专区下载，也可以拨打电话或发送电子邮件咨询。

如果您在使用本书的过程中遇到了什么问题，或者有相关图书出版计划，也请您发邮件告诉我们，以便我们更好地为您服务。

我们的联系方式：

地　　址：北京市海淀区双清路学研大厦 A 座 714

邮　　编：100084

电　　话：010-83470236　　010-83470237

客服邮箱：2301891038@qq.com

QQ：2301891038（请写明您的单位和姓名）

资源下载：关注公众号"书圈"下载配套资源。

资源下载、样书申请

书 圈

图书案例

清华计算机学堂

观看课程直播